海洋中的城市

珊瑚礁

海洋中的城市

珊瑚礁

[美] 玛瑞斯·威克斯　文图
周　挺　译

贵州出版集团　贵州人民出版社

本书插图系原文插图

版权合同登记号 图字：22-2022-041

审图号 GS京（2022）0806号

图书在版编目（CIP）数据

海洋中的城市 ： 珊瑚礁 / （美）玛瑞斯•威克斯文
图 ; 周挺译. -- 贵阳 : 贵州人民出版社, 2022.10（2024.4 重印）
（科学大爆炸）
ISBN 978-7-221-17223-5

Ⅰ. ①海… Ⅱ. ①玛… ②周… Ⅲ. ①珊瑚礁—少儿读物 Ⅳ. ①P737.2-49

中国版本图书馆CIP数据核字(2022)第159010号

KEXUE DA BAOZHA
HAIYANG ZHONG DE CHENGSHI：SHANHUJIAO
科学大爆炸
海洋中的城市：珊瑚礁
［美］玛瑞斯·威克斯 文图 周 挺 译

出版人 朱文迅 策 划 蒲公英童书馆
责任编辑 颜小鹂 执行编辑 崔珈瑜 装帧设计 曾 念 王学元 责任印制 郑海鸥

出版发行 贵州出版集团 贵州人民出版社
地 址 贵阳市观山湖区中天会展城会展东路SOHO公寓A座（010-85805785 编辑部）
印 刷 北京利丰雅高长城印刷有限公司（010-59011367）
版 次 2022年10月第1版
印 次 2024年4月第4次印刷
开 本 700毫米×980毫米 1/16
印 张 8
字 数 50千字
书 号 ISBN 978-7-221-17223-5
定 价 39.80元

前言

如果你想当个超级英雄，你想要什么超能力？隐身？天下无敌？力大无穷？我嘛，我会选择飞翔。挑个大晴天，在暖洋洋的风里，飞过森林、城市、高山和海洋。听起来很棒，不是吗?

然而，不管我把两条胳膊摆得多快，还是飞不起来。但我有个秘密：我是水肺潜水员，可以在水下“飞”！只要带上面罩、脚蹼和一根呼吸管，任何人都可以自由潜水。如果再加一套水肺，那么你就能在神奇的水下城市——珊瑚礁中“飞行”了，一次能“飞”整整一个小时呢。

我研究珊瑚礁已经15年了，每次在水下的时候，都感觉自己在飞呢。工作时，我整个人是倒过来的：脑袋在珊瑚礁里，双脚朝天。在珊瑚礁里，我会看看那些珊瑚动物，看它们是否健康，量一量它们有多大，还会观察其他的重要细节。这项工作进程缓慢，但很有意思。我常常忙着看珊瑚，以至都没注意到神奇的珊瑚礁鱼类和鲨鱼就在我头顶上方游来游去呢！有一次，我刚测量完一丛珊瑚，抬起头，就看见一大群纳氏鹞鲼（yào fèn，总共18只）游到我旁边。纳氏鹞鲼长得非常大，每只的体盘宽度至少有1米左右。它们的背部是黑色的，带有白色斑点，脸很可爱，眼睛大大的。如果我

那时没抬头看，肯定会错过它们。不过，我在珊瑚礁里能看见大多数人都看不见的小动物，有海马、海龙、各种形状和颜色的海绵，还有藏在珊瑚枝里的最小最小的虾和螃蟹。我喜欢看尾蛇从缝隙中探出弯弯曲曲的腕足，也喜欢看夜间活动的筐蛇尾在巨大的柳珊瑚上蜷缩成一个小球。我最喜欢的是海蛞蝓——一种美丽的无壳小蜗牛。

作为海洋科学家，我曾去过我们美丽的星球上最遥远的一些地方，寻找健康的珊瑚礁，但它们越来越难找到了。正如你将会在本书第五章里读到的那样，珊瑚礁正面临生存困境。它们面临的问题很复杂。就像每个人都是独一无二的，会生各种各样的病，或生了病会有不同的反应，每个珊瑚礁也是独一无二的，会有各种不同的问题，需要不同的解决方法。幸运的是，有很多方法能够帮助珊瑚礁。（第五章里就有很多很棒的建议！）最棒的是，我们做的那些帮助珊瑚的事情也可以帮到其他我们热爱的生物，比如北极熊、鲸鱼、指猴。为了让这些生物都存活下来，我们需要保护它们的栖息地，保持栖息地的干净和安全。我们需要保护生物多样性，以维持动物们的食物来源、共生关系和栖息地，等等。另外，我们还需要防止这些动物被人类捕捉、偷猎或驱赶。

也许你会说，我从来没见过珊瑚礁，我能做些什么呢？其实可以做很多的事情，而且这些事情都很重要。举个例子，假如你住在北美洲，你可以种一棵马利筋。我可不是开玩笑哦！这听起来可能很怪，但是让我们仔细想想吧。马利筋为君主斑蝶提供了繁殖的栖息地，还为它们的幼虫（毛毛虫）提供了食物来源。同时，马利筋也能防止水土流失，为昆虫提供花蜜来源，还能防止土地被其他入侵物种侵占，并且将人们与自然连接起来。但是，等一下，种马利筋真的能拯救珊瑚礁吗？答案是并不完全能。但对我们的星球来说，这依然是一种十分积极的选择。你的每一个选择都很重要。回收矿泉水瓶是一个好选择，更好的选择是，避免使用所有一次性塑料制品，购买二手衣服和玩具，不用灯的时候关掉开关。如果你养成了在做选择时考虑环境的习惯，你就能让我们的地球变得更好。你可以选择用你花的每一分钱，每一次行动来影响环境。只要做一些小选择，就能产生很大的影响。想想看，如果地球上的70亿人每天都做3个环保的选择，将会怎么样呢？

我希望有一天，你能去水下，围着珊瑚礁“飞”一圈，到那时，你就会知道珊瑚礁有多么神奇。如果你去不了，那

么就在这本超级棒的漫画书里学习一些关于珊瑚的知识吧。通过这本书你会知道，那些我们正在努力保护着的珊瑚和珊瑚礁有多神奇。如果你做出了了不起的选择来保护环境，就不需要飞翔了，因为你已经是个超级英雄！

——兰迪·罗杰博士
新英格兰水族馆副研究员

地球示意图
地球（局部）示意图

哈喽！

你介意……呃，
后退一点点吗？
谢谢！
我想向你
介绍一下我的
栖息地……
珊瑚礁！
第一章
什么是珊瑚？
毕竟这本书
就是讲珊瑚礁的嘛。

在讲珊瑚礁之前，
我们需要先了解几个主题。
首先是植物和动物。
什么使植物成为植物，
又使动物成为动物呢？
植物把阳光转化成能量，
这个过程叫光合作用。
二氧化碳
氧气
植物从空气里“吸进”二氧化碳（CO_2），“呼出”氧气（O_2）。
植物有坚硬的、
矩形的细胞壁。
动物需要吃食物来产生能量。
动物的细胞黏糊糊的，很有
弹性，外面有一层细胞膜。
黏糊糊，
有鱼味！

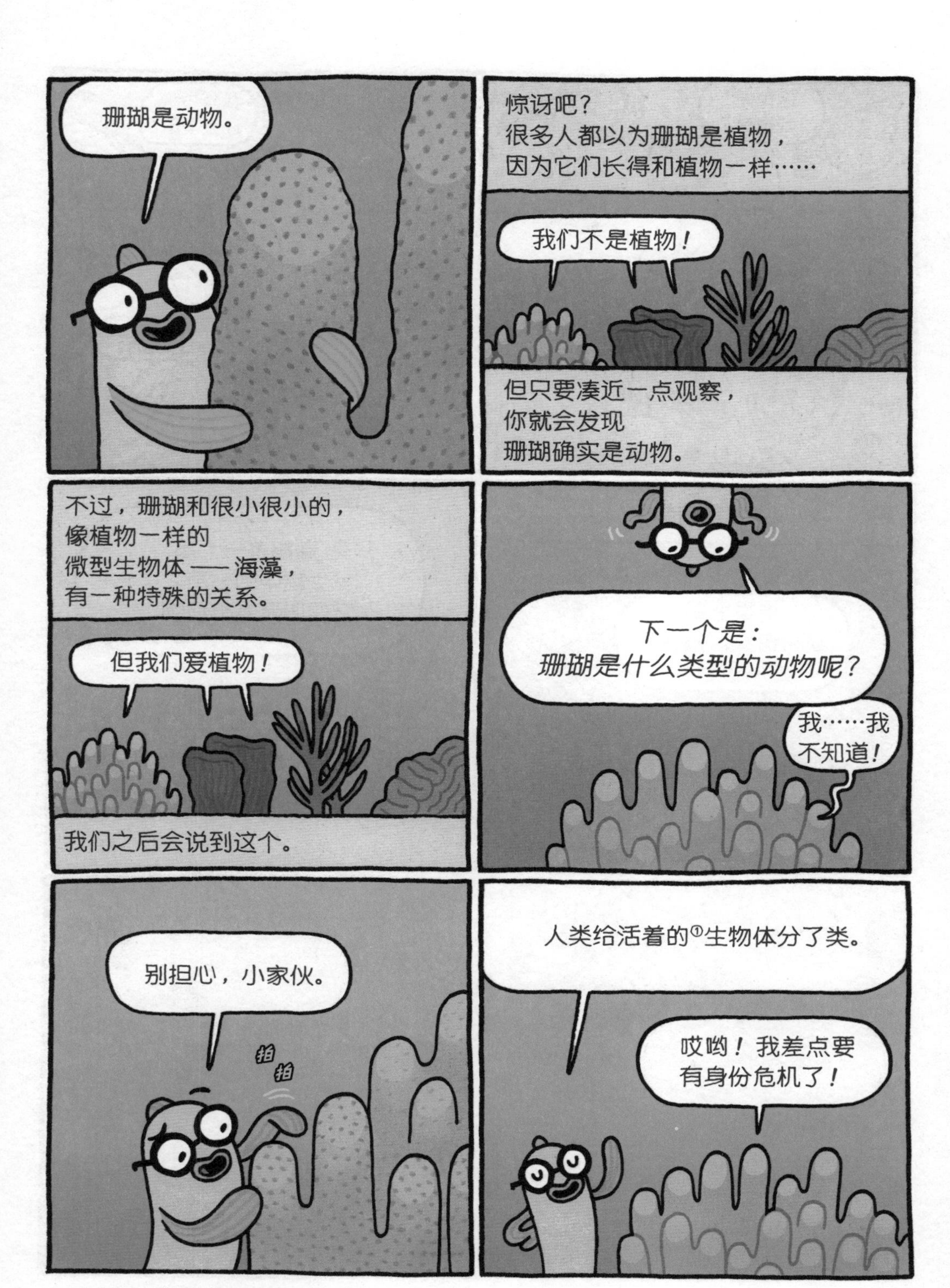

①人类也给死掉的生物体（比如恐龙）分了类。

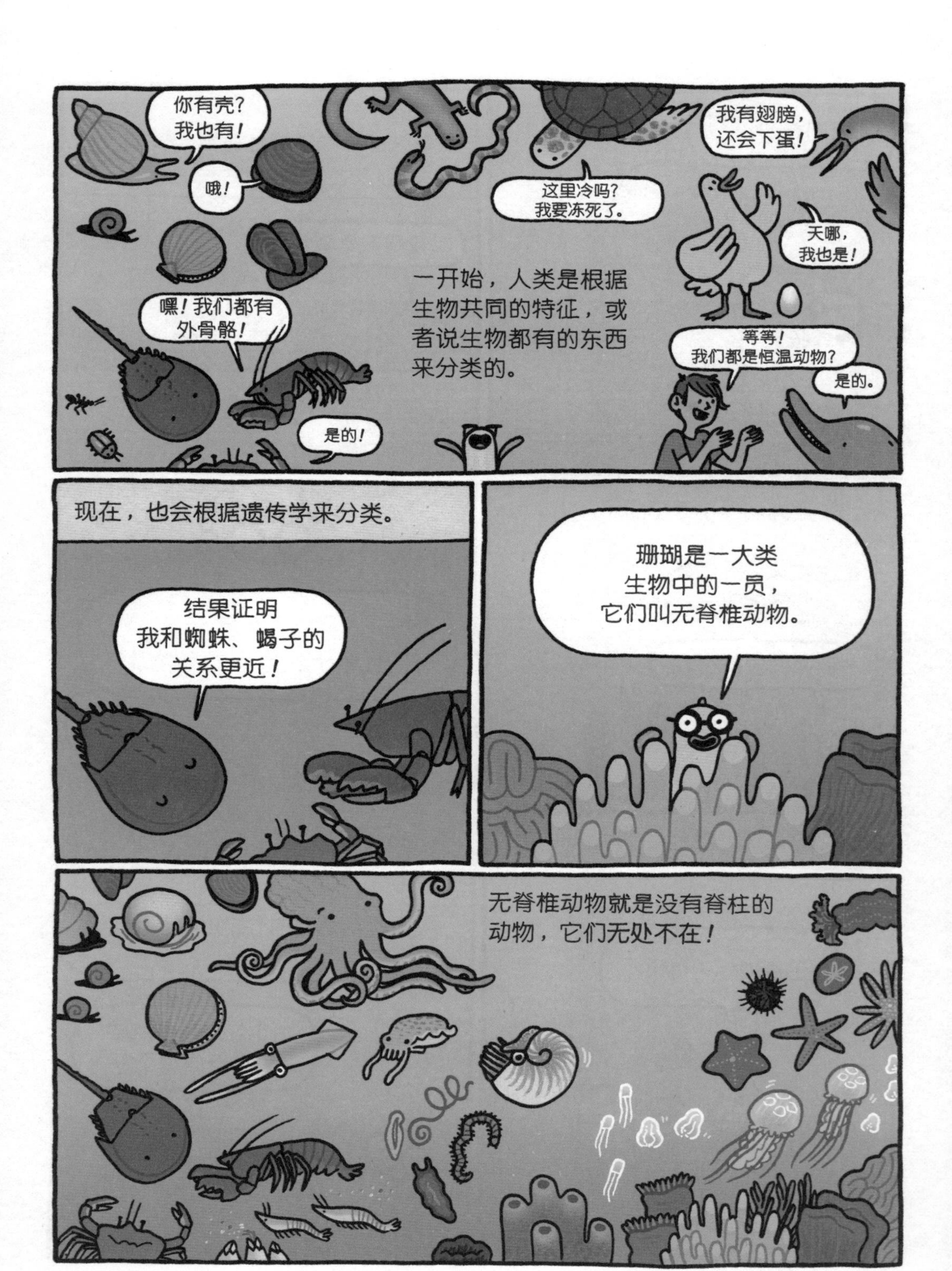

和海豚聊天的那位是作者。

珊瑚还可以进一步分到无脊椎动物中一个更小的类别里，
它们叫作刺胞动物门。
其他著名的刺胞动物还包括：
海葵
海鳃
水母
乍一看，它们似乎区别很大，
但仔细观察就能发现它们有一些共同特征。

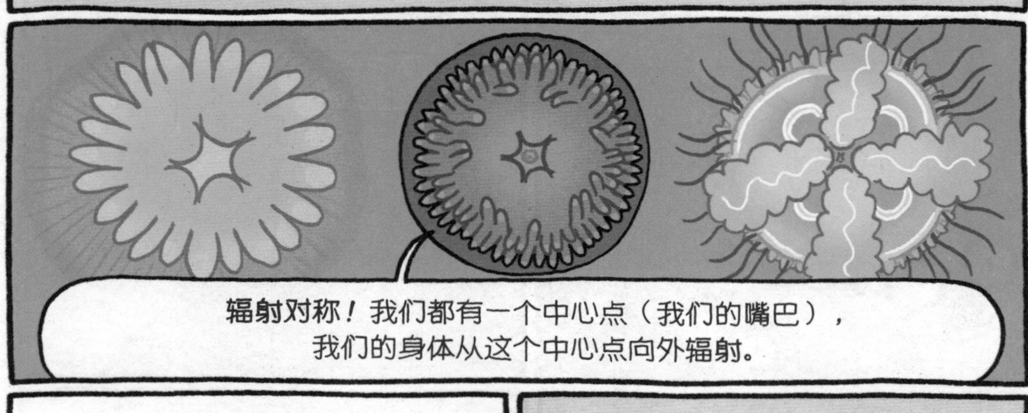
辐射对称！我们都有一个中心点（我们的嘴巴），我们的身体从这个中心点向外辐射。

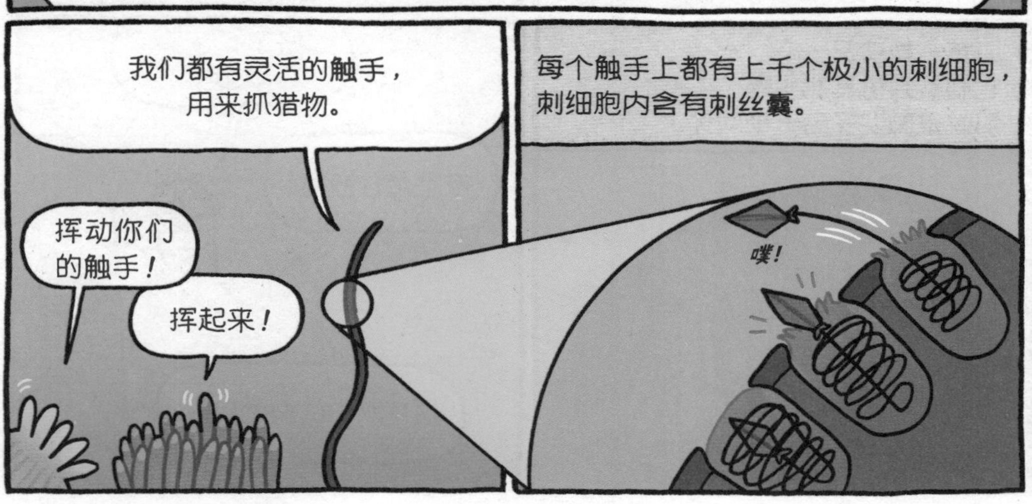
我们都有灵活的触手，用来抓猎物。
挥动你们的触手！
挥起来！
每个触手上都有上千个极小的刺细胞，
刺细胞内含有刺丝囊。
噗！

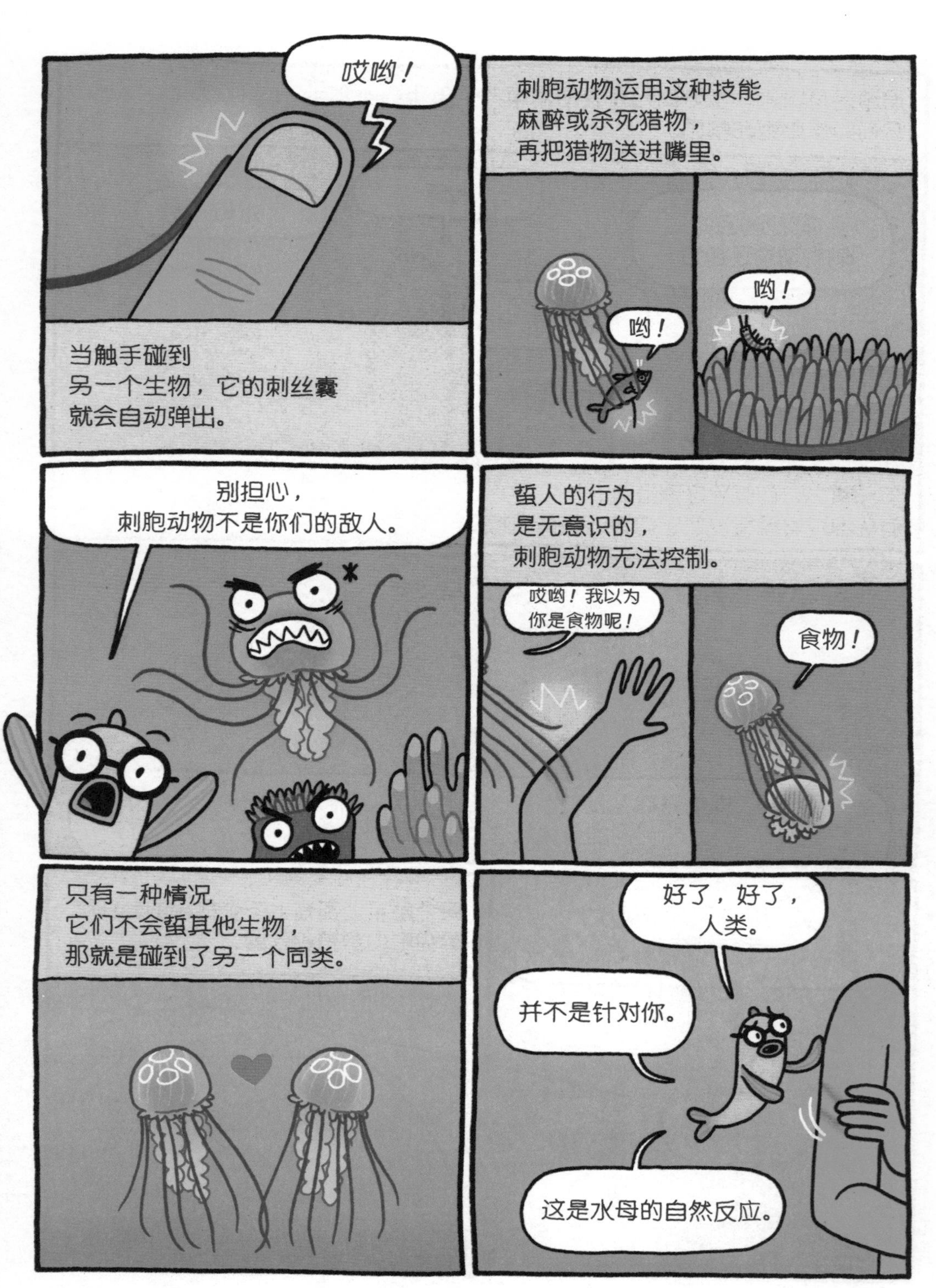

*刺胞动物没有眼睛和牙齿。不过，一些刺胞动物有非常原始的眼睛，叫作眼点或眼斑。

刺胞动物的最后一个共同特征是它们的生命周期。

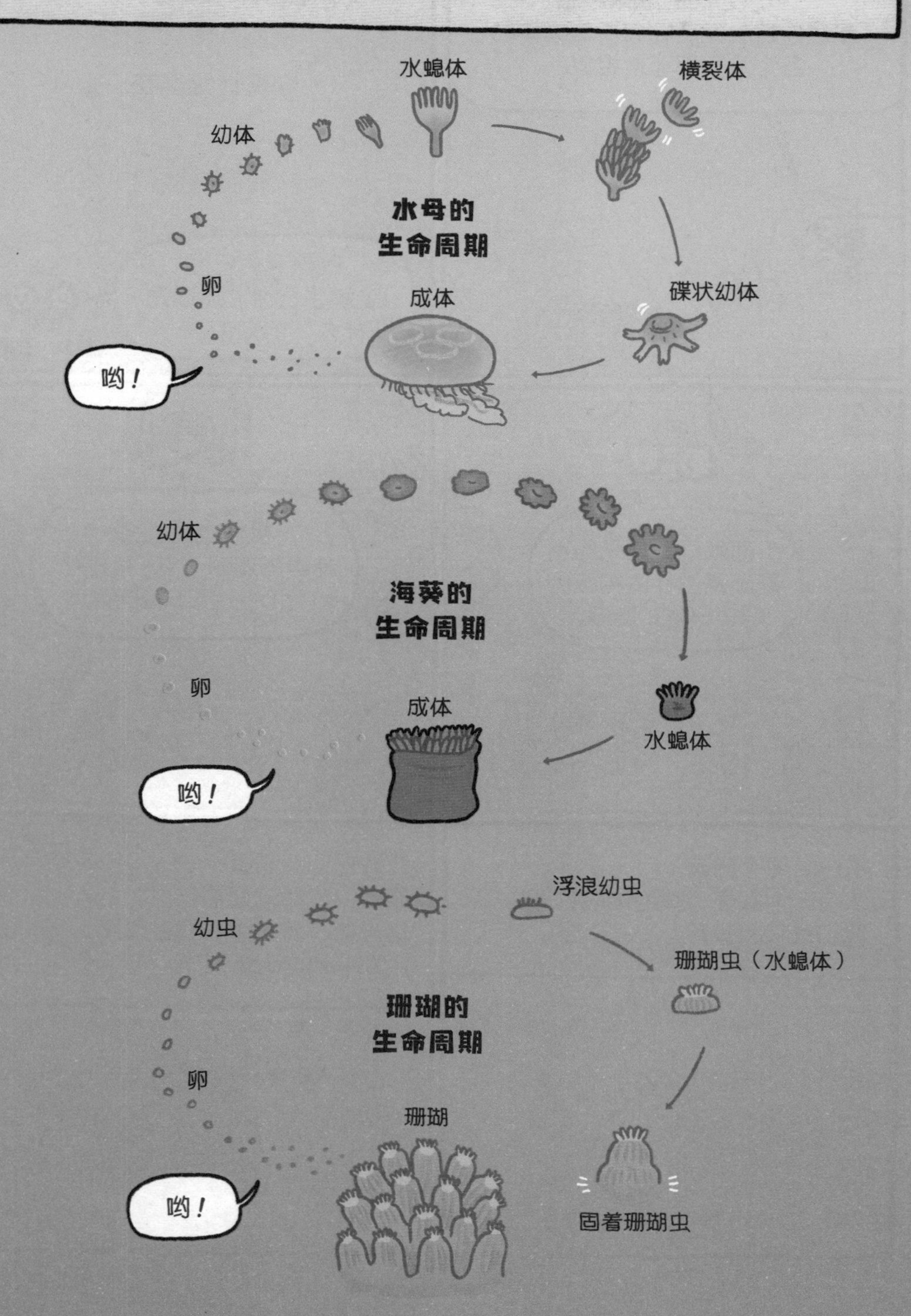

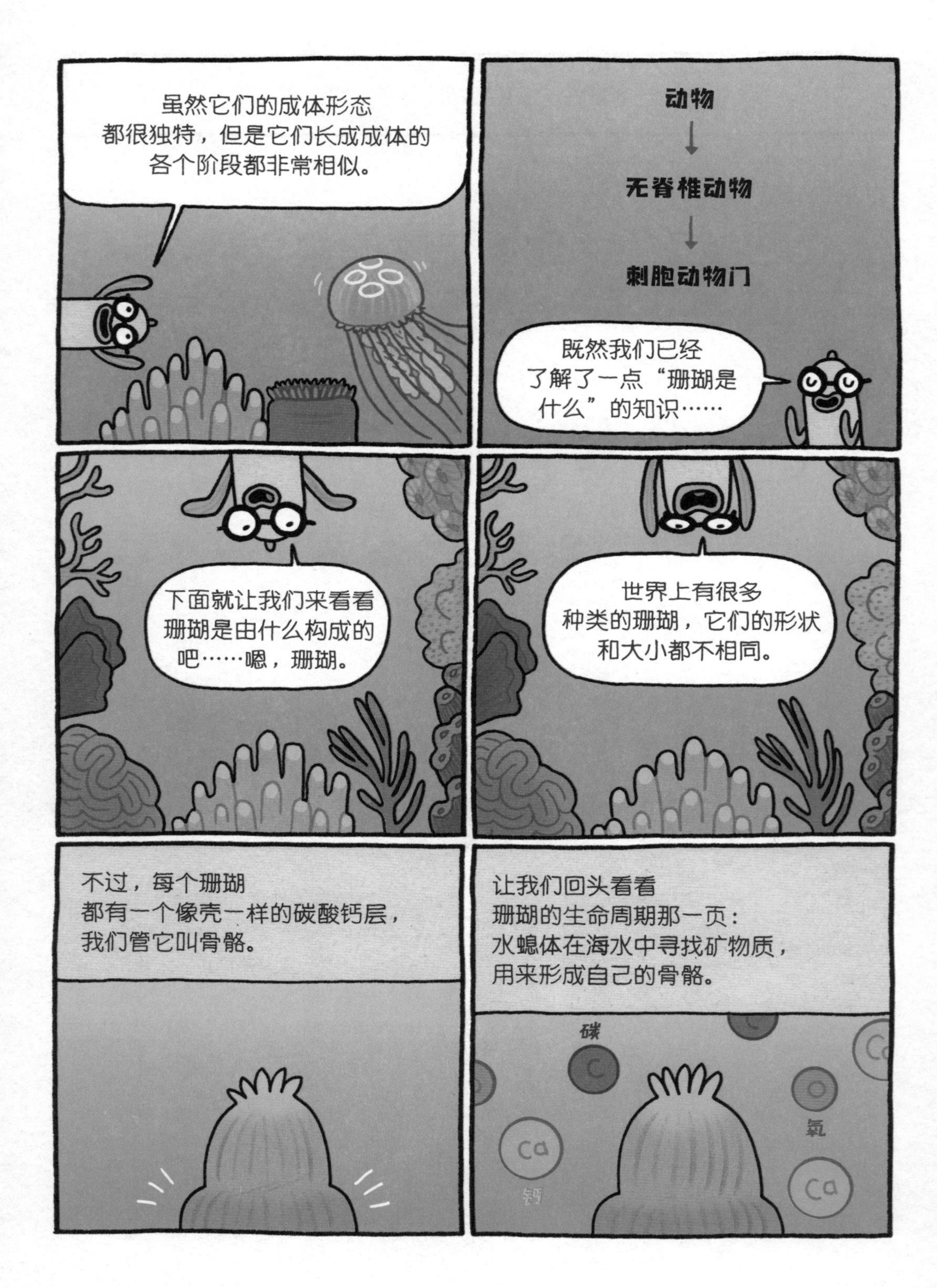
虽然它们的成体形态
都很独特，但是它们长成成体的
各个阶段都非常相似。
动物
无脊椎动物
刺胞动物门
既然我们已经
了解了一点“珊瑚是
什么”的知识……
下面就让我们来看看
珊瑚是由什么构成的
吧……嗯，珊瑚。
世界上有很多
种类的珊瑚，它们的形状
和大小都不相同。
不过，每个珊瑚
都有一个像壳一样的碳酸钙层，
我们管它叫骨骼。
让我们回头看看
珊瑚的生命周期那一页：
水螅体在海水中寻找矿物质，
用来形成自己的骨骼。
碳
C
O
氧
Ca
钙
Ca
Ca

每个水螅体在生长过程中
都会建造自己的碳酸钙层……

它会在其下方的水螅体的碳酸钙层上
建造新的碳酸钙层。

要通过几百甚至几千代
水螅体的工作，
才能形成这个骨骼……

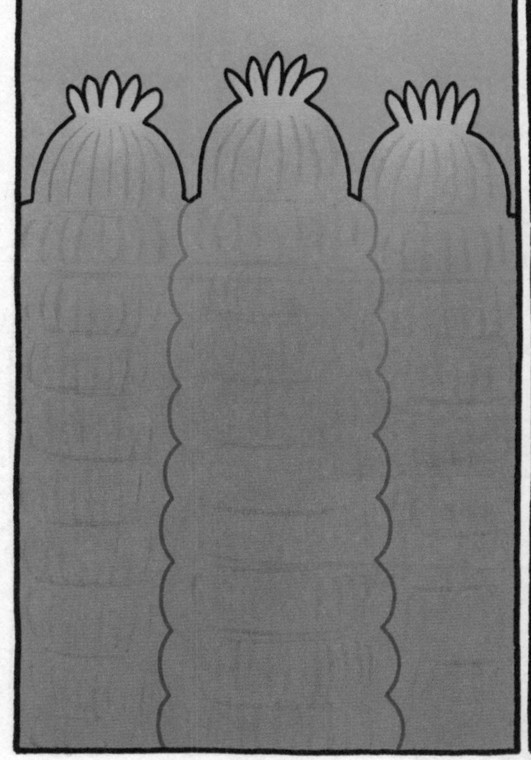

要花几千年甚至几百万年
才能形成一个珊瑚礁。

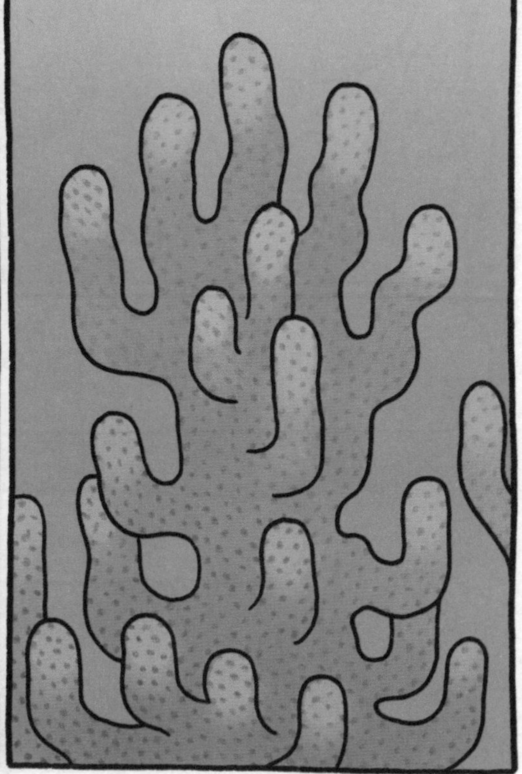

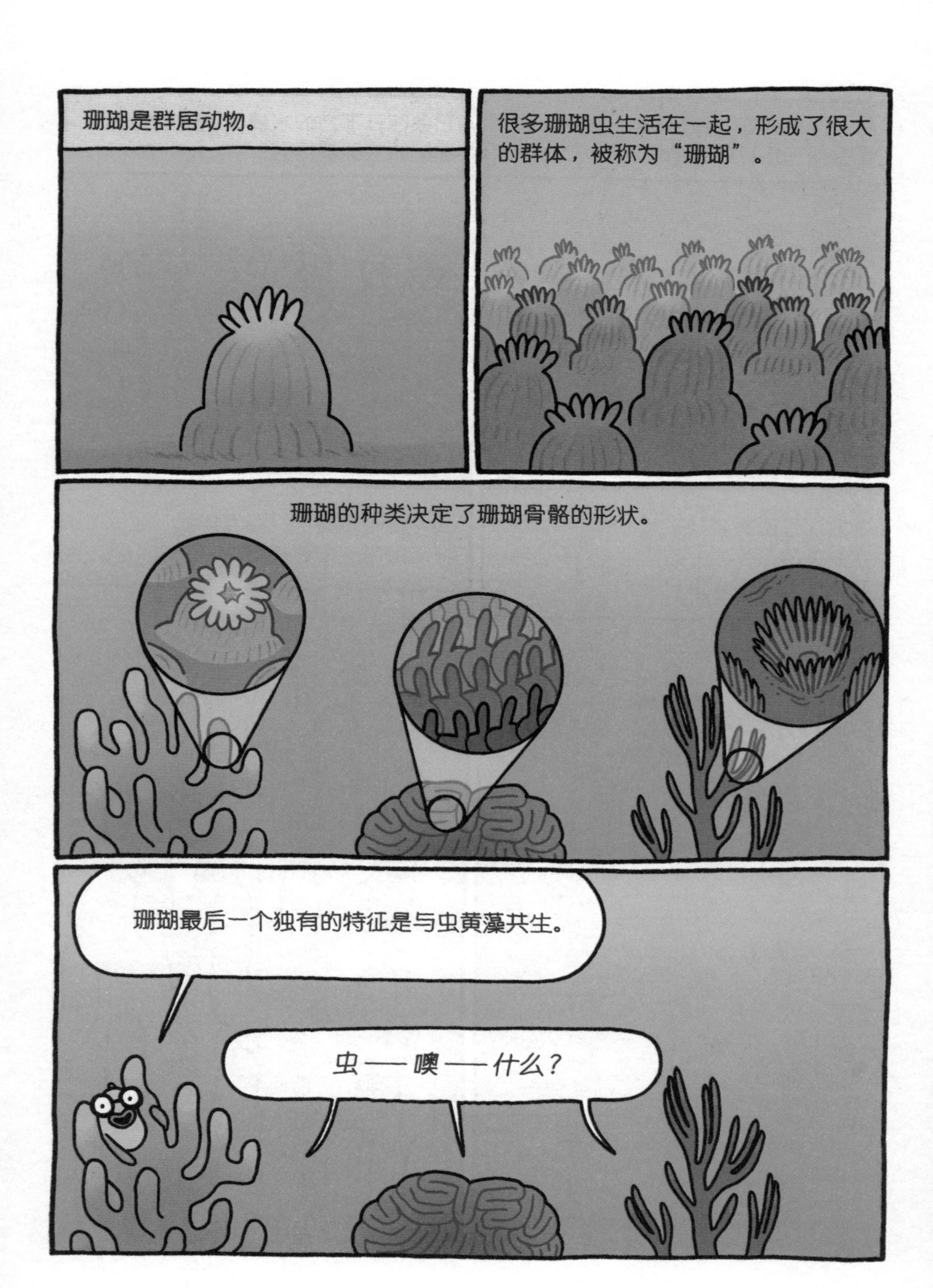
珊瑚是群居动物。
很多珊瑚虫生活在一起，形成了很大的群体，被称为“珊瑚”。
珊瑚的种类决定了珊瑚骨骼的形状。
珊瑚最后一个独有的特征是与虫黄藻共生。
虫——噢——什么？

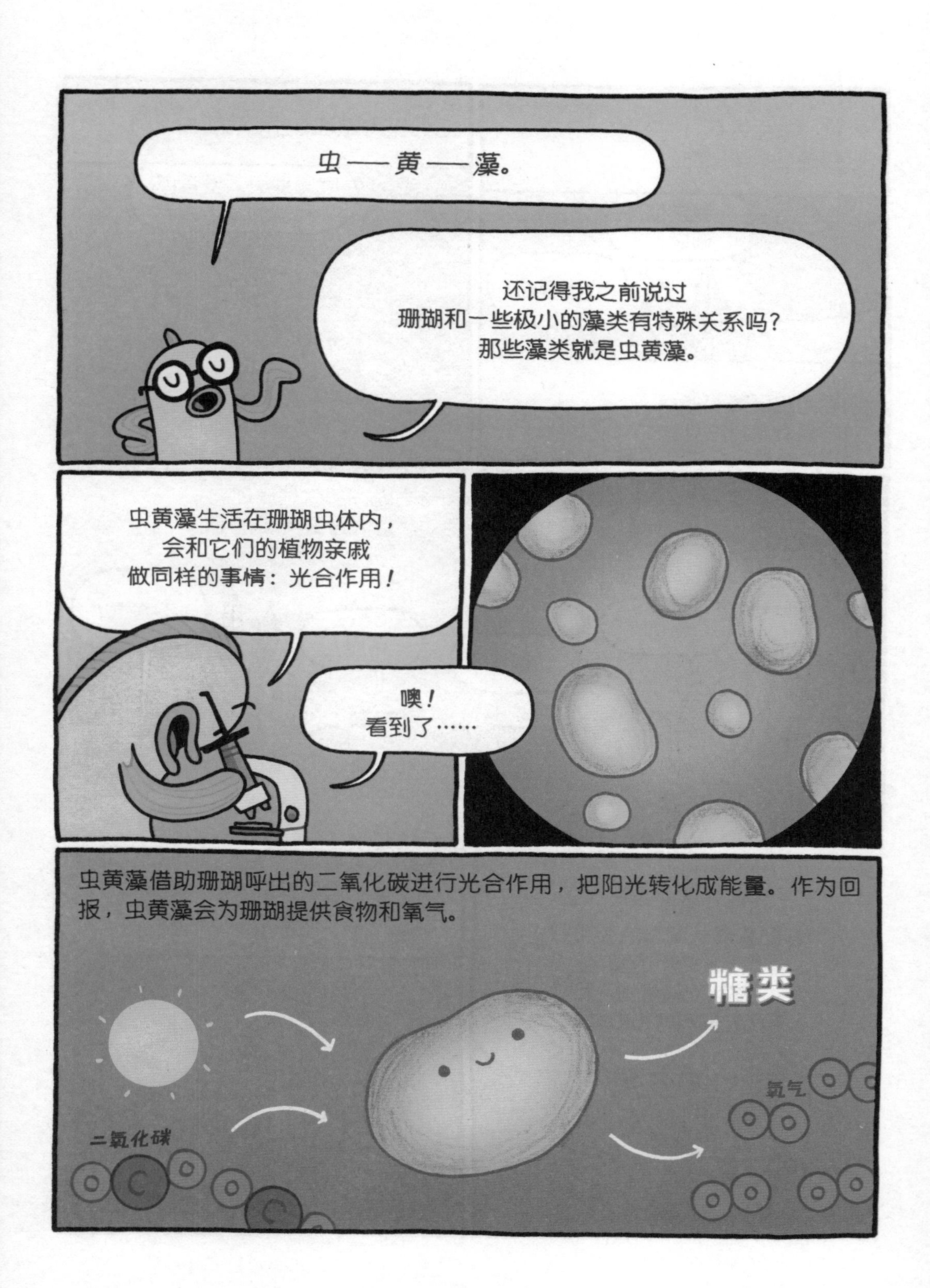

虫——黄——藻。
还记得我之前说过
珊瑚和一些极小的藻类有特殊关系吗？
那些藻类就是虫黄藻。
虫黄藻生活在珊瑚虫体内，
会和它们的植物亲戚
做同样的事情：光合作用！
噢！
看到了……
虫黄藻借助珊瑚呼出的二氧化碳进行光合作用，把阳光转化成能量。作为回报，虫黄藻会为珊瑚提供食物和氧气。
糖类
氧气
二氧化碳

这就叫共生关系，
它们是互相帮助的。
我爱你，
珊瑚！
我也爱你！
珊瑚和虫黄藻都能从
对方身上获得好处。

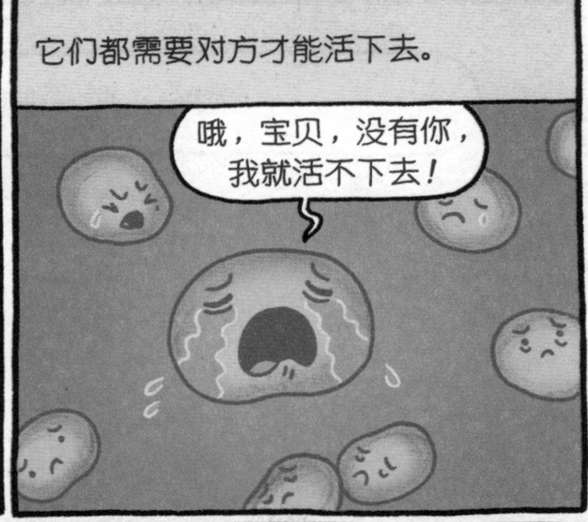

它们都需要对方才能活下去。
哦，宝贝，没有你，
我就活不下去！

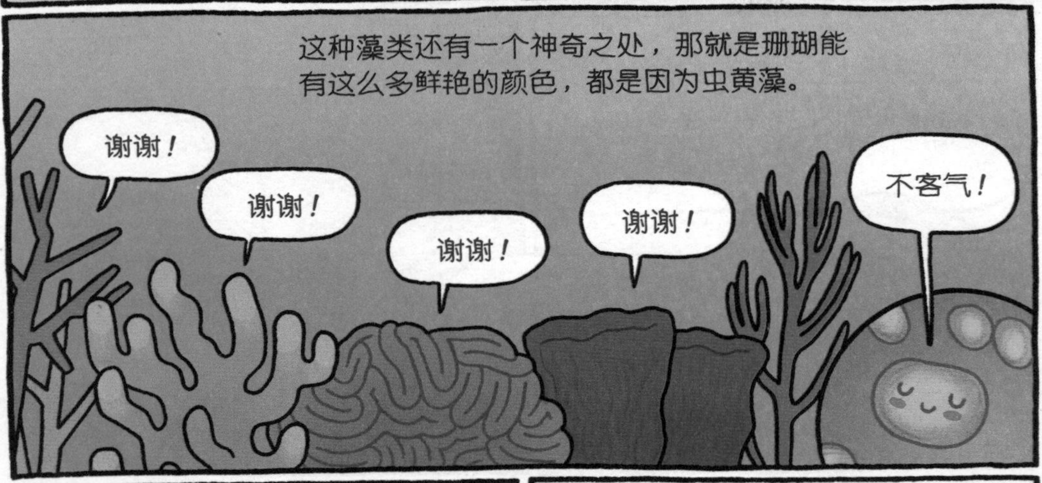

这种藻类还有一个神奇之处，那就是珊瑚能
有这么多鲜艳的颜色，都是因为虫黄藻。
谢谢！
谢谢！
谢谢！
谢谢！
不客气！

这些独特的特征——
碳酸钙骨骼、群居的生活方式、
进行光合作用的藻类——
决定了珊瑚生活和
茁壮成长的地方很有限。

让我们来看看大多数珊瑚[①]
生存需要的环境吧。

①深海珊瑚/冷水珊瑚对环境的要求不一样。

靠近太阳光

虫黄藻要进行光合作用，因此珊瑚必须靠近海面，才能接触到太阳光。

造礁珊瑚能在约70米深的海底生长，但它在离海平面约27米深的地方生长得更繁茂。

适宜的温度

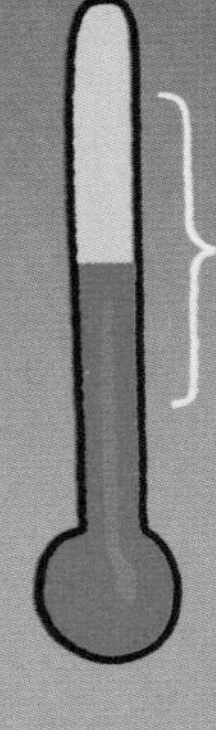

珊瑚只能在温度为18—28℃的环境里生存。

地球上大多数植物和动物，甚至人类，都有自己适宜的生存温度！

我们通常需要靠穿衣服来保证舒适度。

稳定的海水盐度

珊瑚需要的海水盐度为30‰—40‰。

镁 Mg

珊瑚无法在靠近河流或其他淡水水域的海洋区域生长。

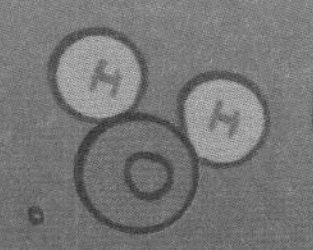

既然你对珊瑚这种动物有了更多了解，那就让我们来看看——

海洋中的盐和我们吃的食盐可不一样哦！

第二章
珊瑚是如何形成的，
又是在哪里形成的呢？

地球示意图

为了了解珊瑚是如何生存的
以及它们为什么会存在，
我们一起回到过去看看吧！
咻！

38亿年前
咻！
虽然地球大约46亿岁了，但38亿年前生命才开始出现。
蓝藻是地球上最早出现的生物之一，现在它们还到处都是呢……很多植物里都有！
4亿年前
最早的珊瑚出现了！它们只留下了化石，以及那些生活在现代的后代。
咻！

6500万年前
恐龙时代结束后，史前水生爬行动物和鱼类正在大海里游来游去。
咻！

2万年前
早期人类出现！
2万年前至今，大海没有太大的变化。跟地球的历史相比，这段时间实在短得很。
咻！

以上均为地球演变示意图

现在
没错，一切都差不多。
只不过，珊瑚礁长大了一点点！
珊瑚礁和人类都发生了变化，
人类从缠块遮羞布到穿上了潜水服！
地球演变示意图

在几百万年里，地球发生了很多变化。

大气的剧烈变化……
呃，对不起。
噗！
噗
噗
噗
呼！
啊！
好热！
火山爆发和板块
构造运动……
还有陨石撞击。
啊噢！

哦耶！
地球经历了这些变化后幸存了下
来，但是住在它上面的居民就没
这么幸运了……

植物、动物、真菌，
甚至病毒和细菌，为了
生存都需要适应环境。
然而，不是所有的物种
都这么幸运……
哎，可怜的
霸王龙，我跟他
很熟。①
咳咳，
好吓人啊！
很多无脊椎动物，
特别是海洋无脊椎动物
已经存在无数年了，
发展出了许多适应性特征。
比如外骨骼……
或者碳酸钙外壳……
又或者是用来抓住
猎物的刺细胞。
甚至它们的繁殖方式
也拥有自身的优势，
比如，
一些珊瑚繁殖时会广撒网。
来了……
哟！！
它们会同时把精子和卵子
排出体外，希望由此找到
最优秀的对象结合。
噢！那个地方
看上去不错，
适合安家！
这种繁殖方式拥有很多好处，
一旦受精的珊瑚卵开始发育，
它们就会寻找最合适的地方安家。

①有科学研究表明，鸡与霸王龙有着较近的亲缘关系。

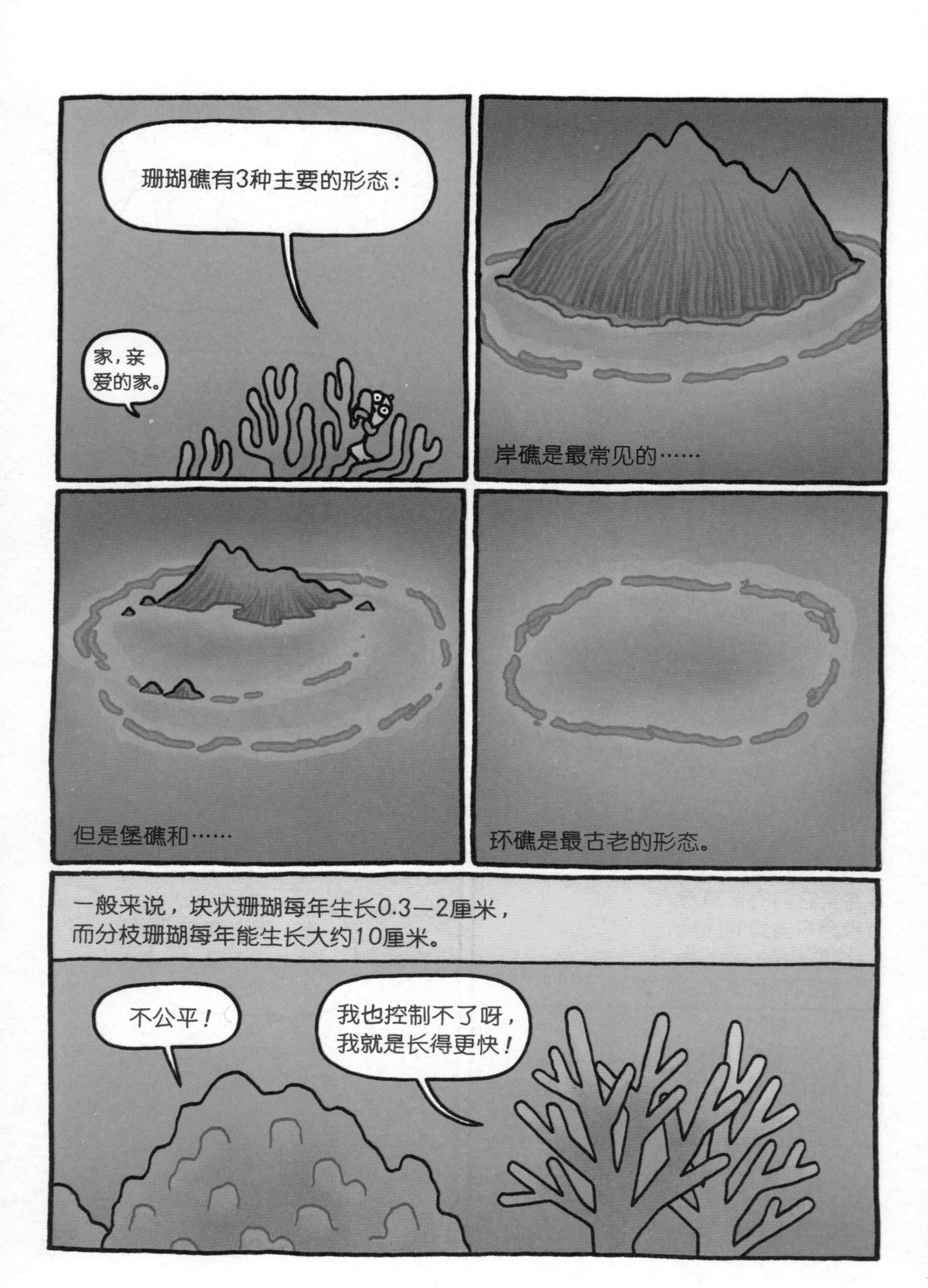
珊瑚礁有3种主要的形态：
家，亲爱的家。
岸礁是最常见的……
但是堡礁和……
环礁是最古老的形态。
一般来说，块状珊瑚每年生长0.3—2厘米，
而分枝珊瑚每年能生长大约10厘米。
不公平！
我也控制不了呀，
我就是长得更快！

岸礁需要1万多年才能形成……
我们年轻又时髦！

而堡礁和环礁则需要10万—3000万年才能形成。

嘘，你们这些自以为是的年轻小子！

下面是地球上现存珊瑚礁的位置和分布情况。

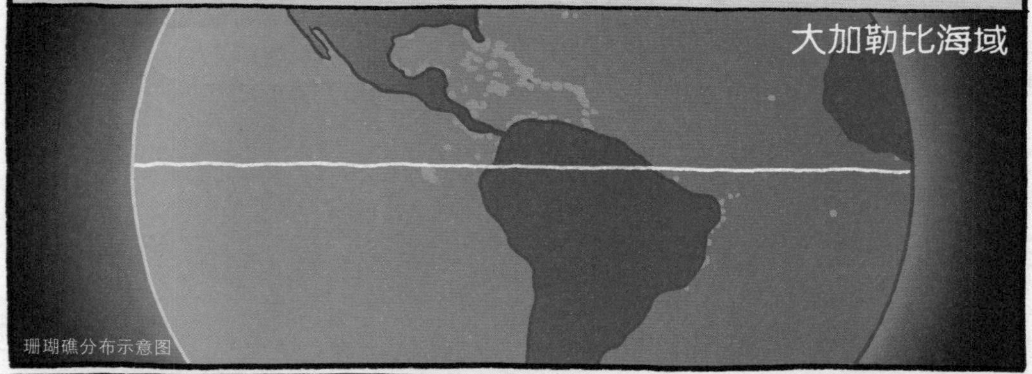
大加勒比海域
珊瑚礁分布示意图

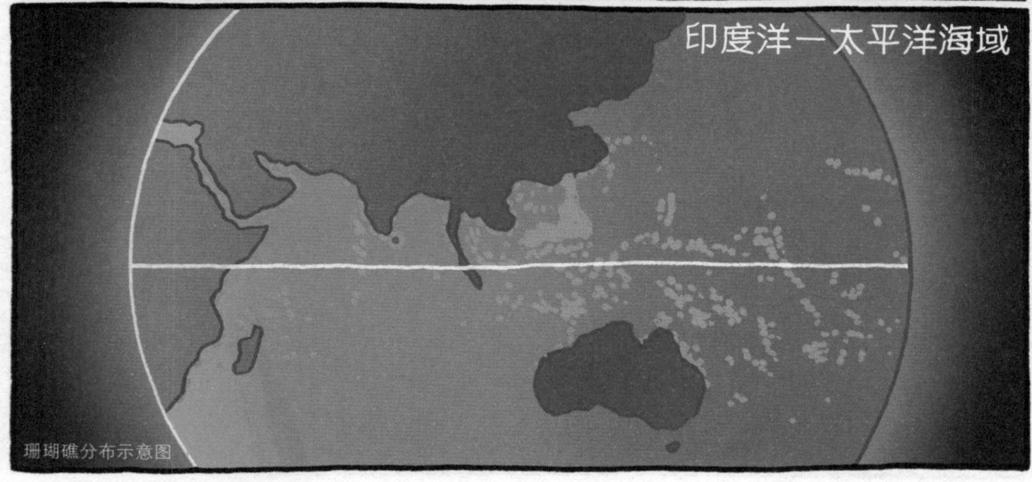
印度洋—太平洋海域
珊瑚礁分布示意图

到现在为止，我们关注的都是造礁珊瑚。
另外还有一些“打破常规的珊瑚”。

我们在超过3000米深的海底发现了深海珊瑚（也叫冷水珊瑚）。

它们没有虫黄藻，也不需要阳光，靠捕食微小的浮游生物为生。

我虽然看不见它们，但能吃到它们。

唔……浮游生物！

不过，大多数珊瑚都是造礁珊瑚，分布在热带。
由于它们特殊的生存环境需求，以及进化的历史……

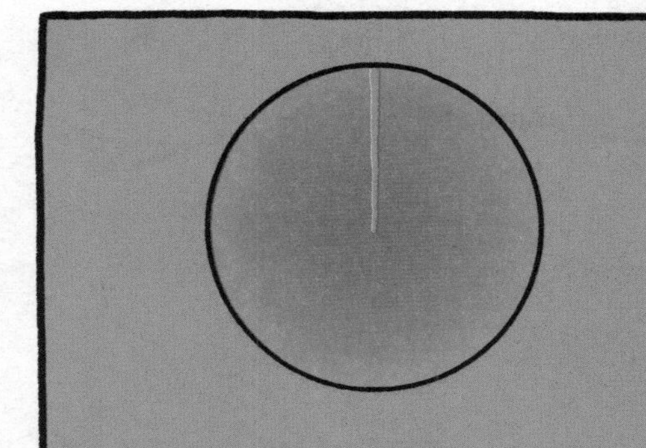
珊瑚礁大约只占
地球表面积的0.1%。

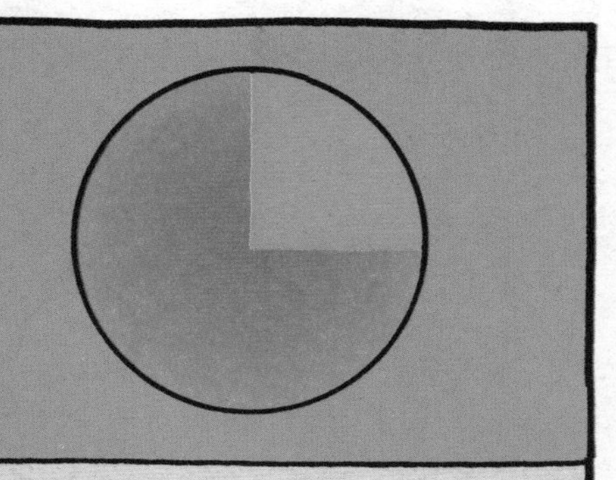
尽管只占这么少的面积，
但地球上25%的动物
都以珊瑚礁为家。

在34个主要的动物类群（称为“门”）中，
有32个能在珊瑚礁中找到对应物种（雨林中只能找到9个[①]）。
珊瑚礁是地球生物多样性的最好例证。

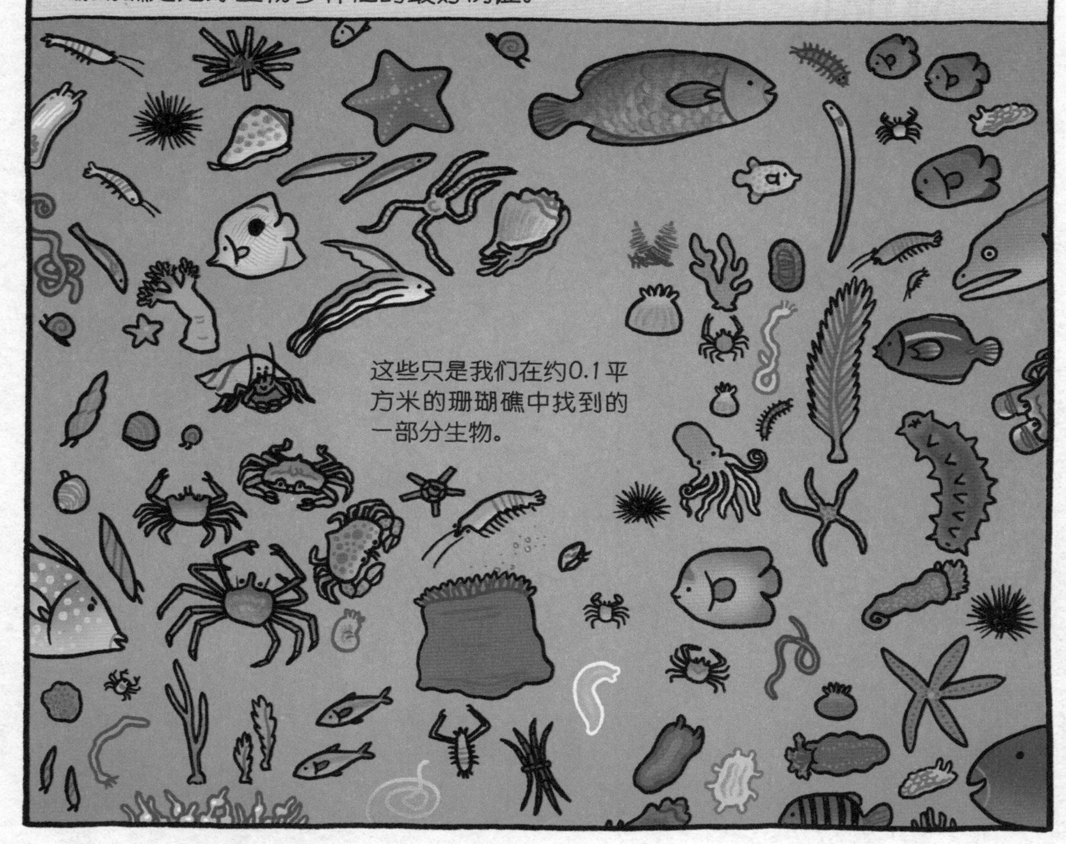
这些只是我们在约0.1平
方米的珊瑚礁中找到的
一部分生物。

①公平地说，海洋存在的时间比雨林长多了，要长几十亿年呢。

生物多样性：
即地球上生命形式的多样性。它衡量的是一个生态系统中的生物种类，同时也会考虑文化的多样性等因素。
珊瑚礁是拥挤又繁华的海底城市。

就像城市里每一栋建筑都住着很多人一样，每一个珊瑚礁也能住下很多生物。

就像城市里的人类会做不同的工作一样，珊瑚礁里的居民也有不同的分工，比如食腐动物、掠食动物和滤食性动物，等等。

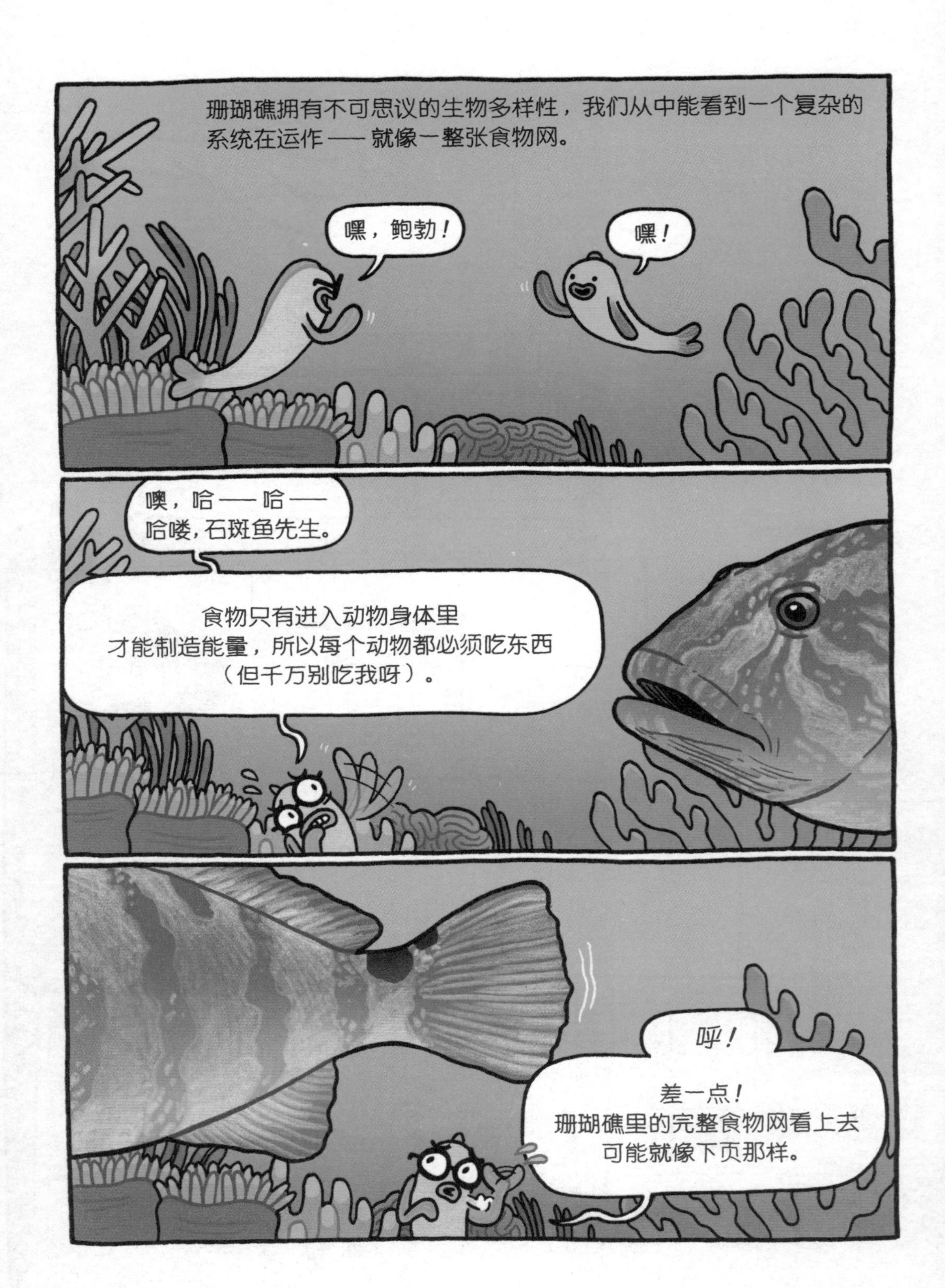
珊瑚礁拥有不可思议的生物多样性，我们从中能看到一个复杂的系统在运作 —— 就像一整张食物网。
嘿，鲍勃！
嘿！
噢，哈 —— 哈 ——
哈喽，石斑鱼先生。
食物只有进入动物身体里
才能制造能量，所以每个动物都必须吃东西
（但千万别吃我呀）。
呼！
差一点！
珊瑚礁里的完整食物网看上去
可能就像下页那样。

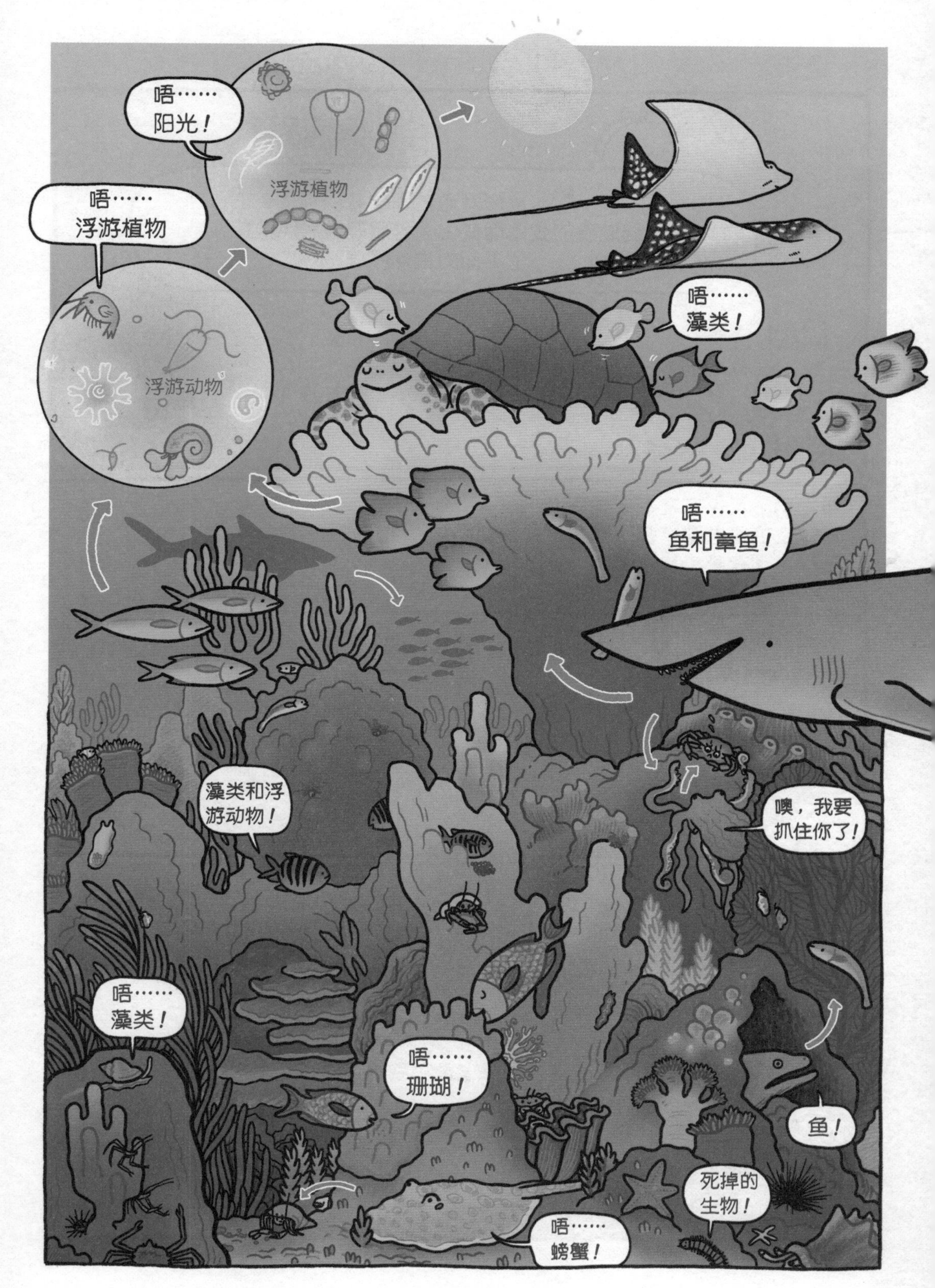
唔……
阳光！
唔……
浮游植物
浮游植物
浮游动物
唔……
藻类！
唔……
鱼和章鱼！
藻类和浮
游动物！
噢，我要
抓住你了！
唔……
藻类！
唔……
珊瑚！
鱼！
死掉的
生物！
唔……
螃蟹！

食物网通常会随着
珊瑚礁的变化而变化，为珊瑚礁居民维持
一个平衡的生存环境。
食物网不仅仅存在于珊瑚礁！
地球上的每个动物都生活在一个食物网中。
至于生活在哪个食物网中，
就要看它们生活在哪里，吃什么食物，以及是谁的食物。无论你住在……
北极地区
深海里
淡水里
还是陆地上！
珊瑚礁不只为生活在海底的动物们提供了栖息地和食物，
还为超过10亿的人类提供了食物或生计！

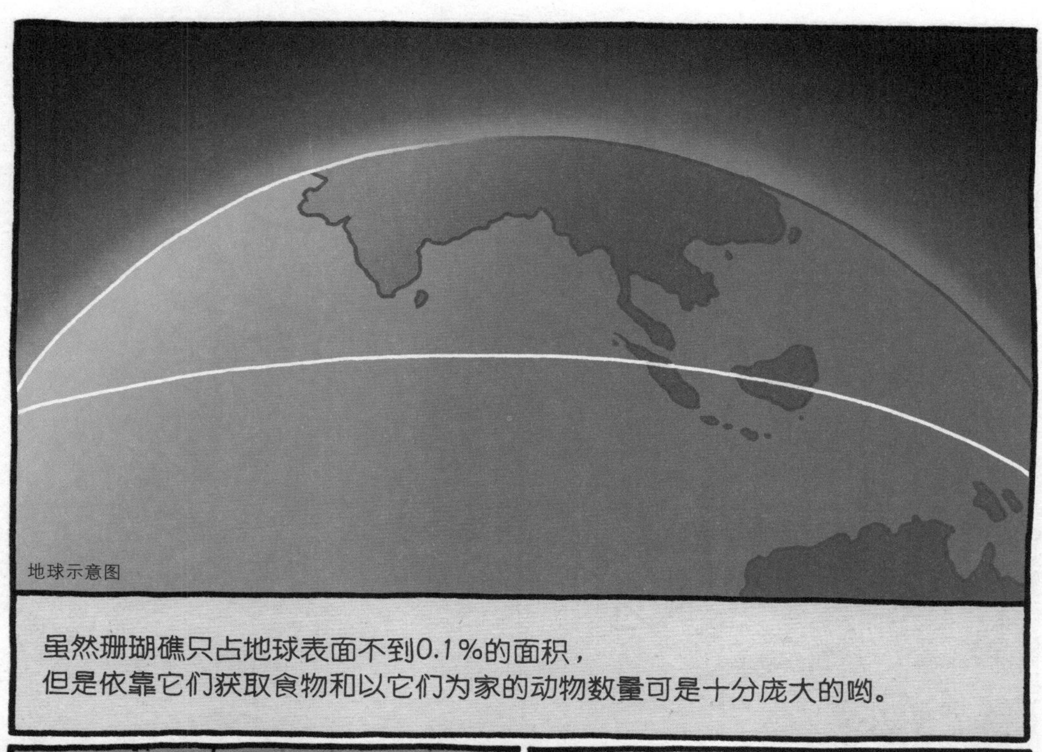
地球示意图
虽然珊瑚礁只占地球表面不到0.1%的面积，
但是依靠它们获取食物和以它们为家的动物数量可是十分庞大的哟。

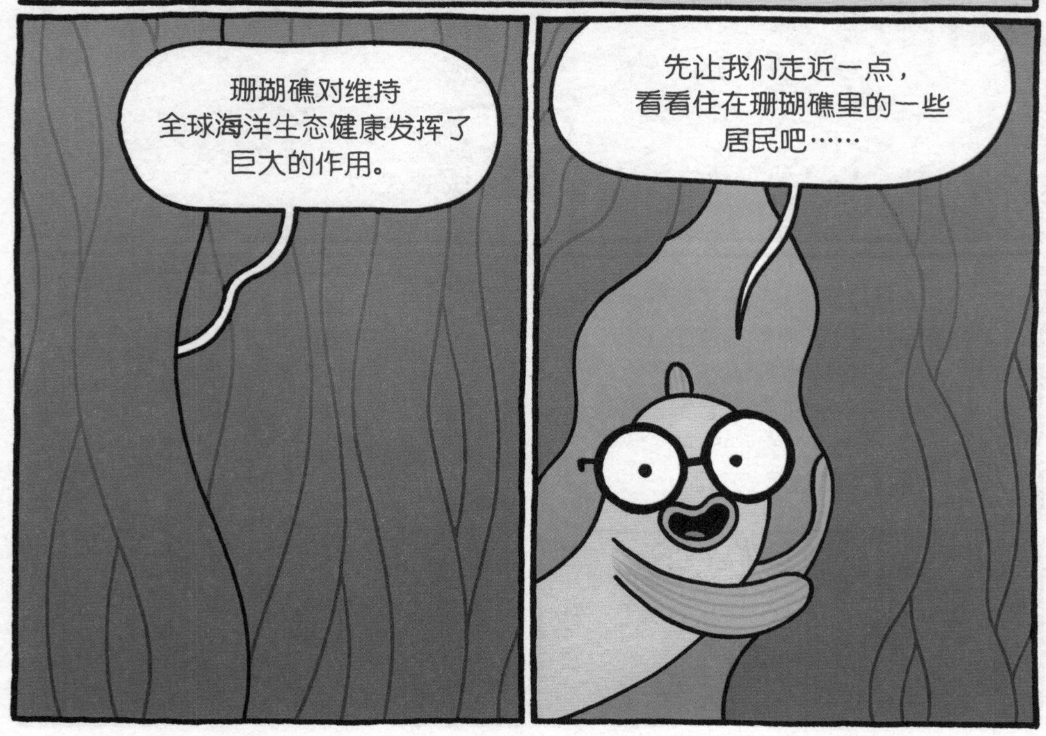
珊瑚礁对维持全球海洋生态健康发挥了巨大的作用。
先让我们走近一点，看看住在珊瑚礁里的一些居民吧……

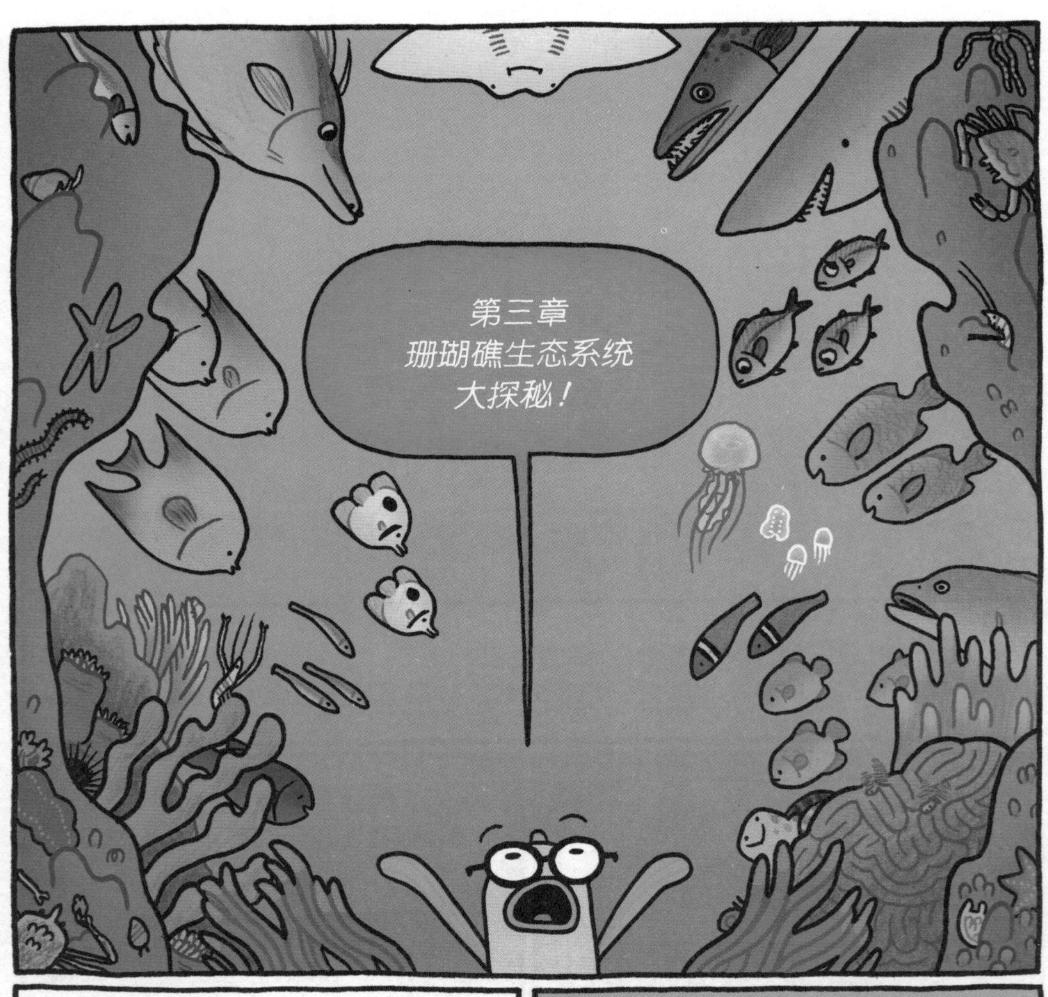
第三章
珊瑚礁生态系统
大探秘！

现在，我们已经了解了
很多关于珊瑚礁的信息了：
珊瑚是什么动物，
它们的生命周期是怎样的，
珊瑚礁是怎么形成的，
哪里可以找到它们……

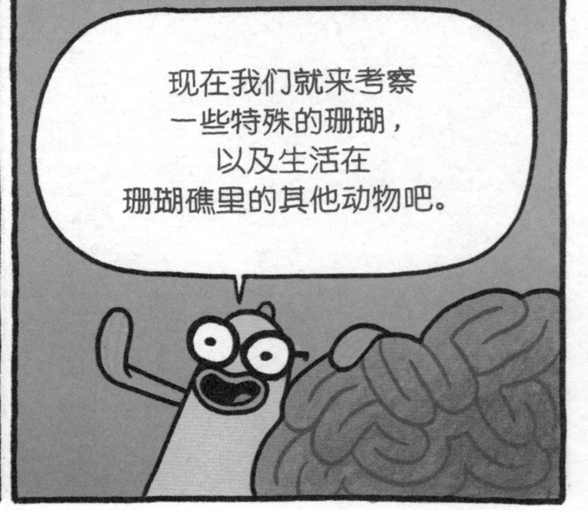
现在我们就来考察
一些特殊的珊瑚，
以及生活在
珊瑚礁里的其他动物吧。

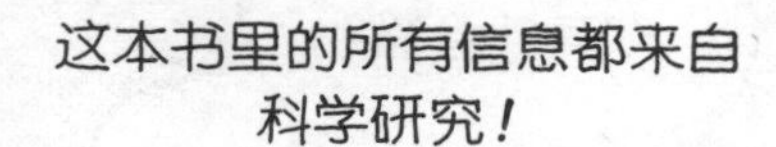
这本书里的所有信息都来自
科学研究！

科学家们从几百年前
就开始收集信息，
这些信息塑造了我们对周围世界
（以及我们头顶和脚下的世界）
的认识。

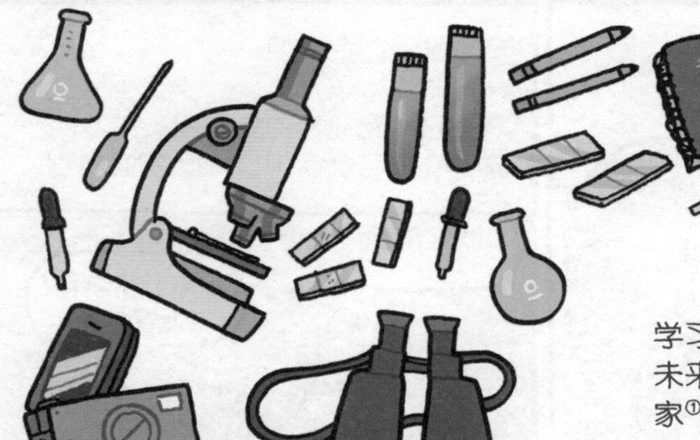

学习已经研究过的信息可以给未来的科学研究和未来的科学家①铺平道路。

在我们重点了解一些
物种之前……

先来看看我们给动物
（以及植物和真菌等）
分类的系统吧。

海中名人录：
从藻类
到豹纹鲨

①比如你！你未来就可能会成为一名科学家哦！

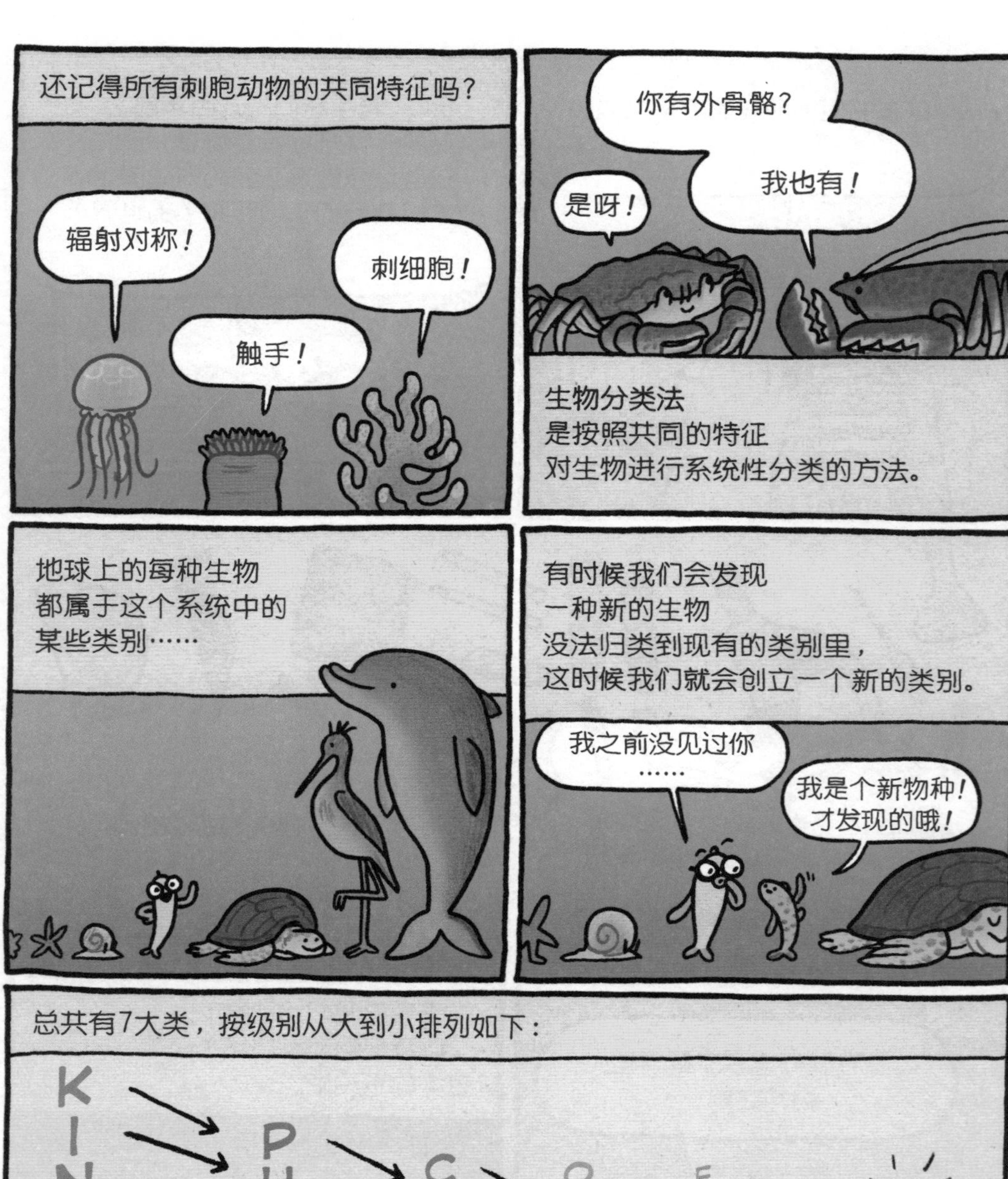
还记得所有刺胞动物的共同特征吗？
辐射对称！
触手！
刺细胞！
你有外骨骼？
是呀！
我也有！
生物分类法
是按照共同的特征
对生物进行系统性分类的方法。
地球上的每种生物
都属于这个系统中的
某些类别……
有时候我们会发现
一种新的生物
没法归类到现有的类别里，
这时候我们就会创立一个新的类别。
我之前没见过你
……
我是个新物种！
才发现的哦！

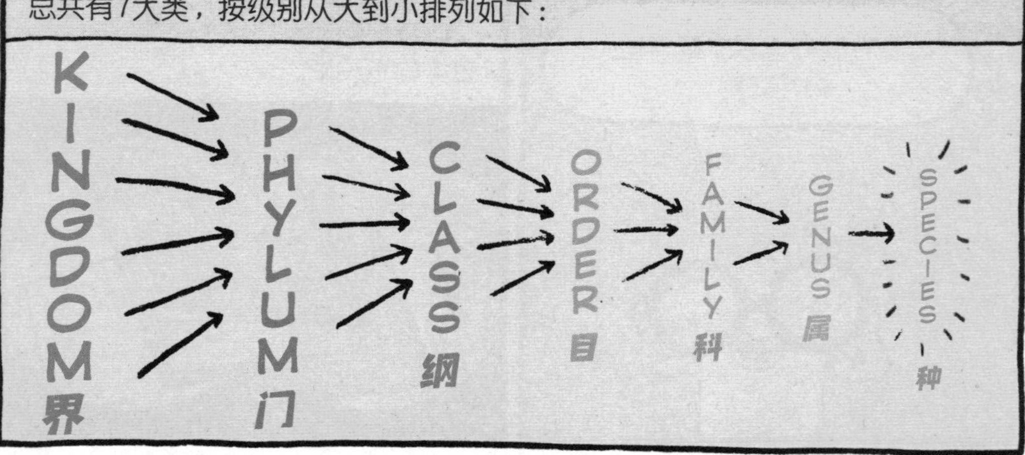
总共有7大类，按级别从大到小排列如下：
KINGDOM界
PHYLUM门
CLASS纲
ORDER目
FAMILY科
GENUS属
SPECIES种

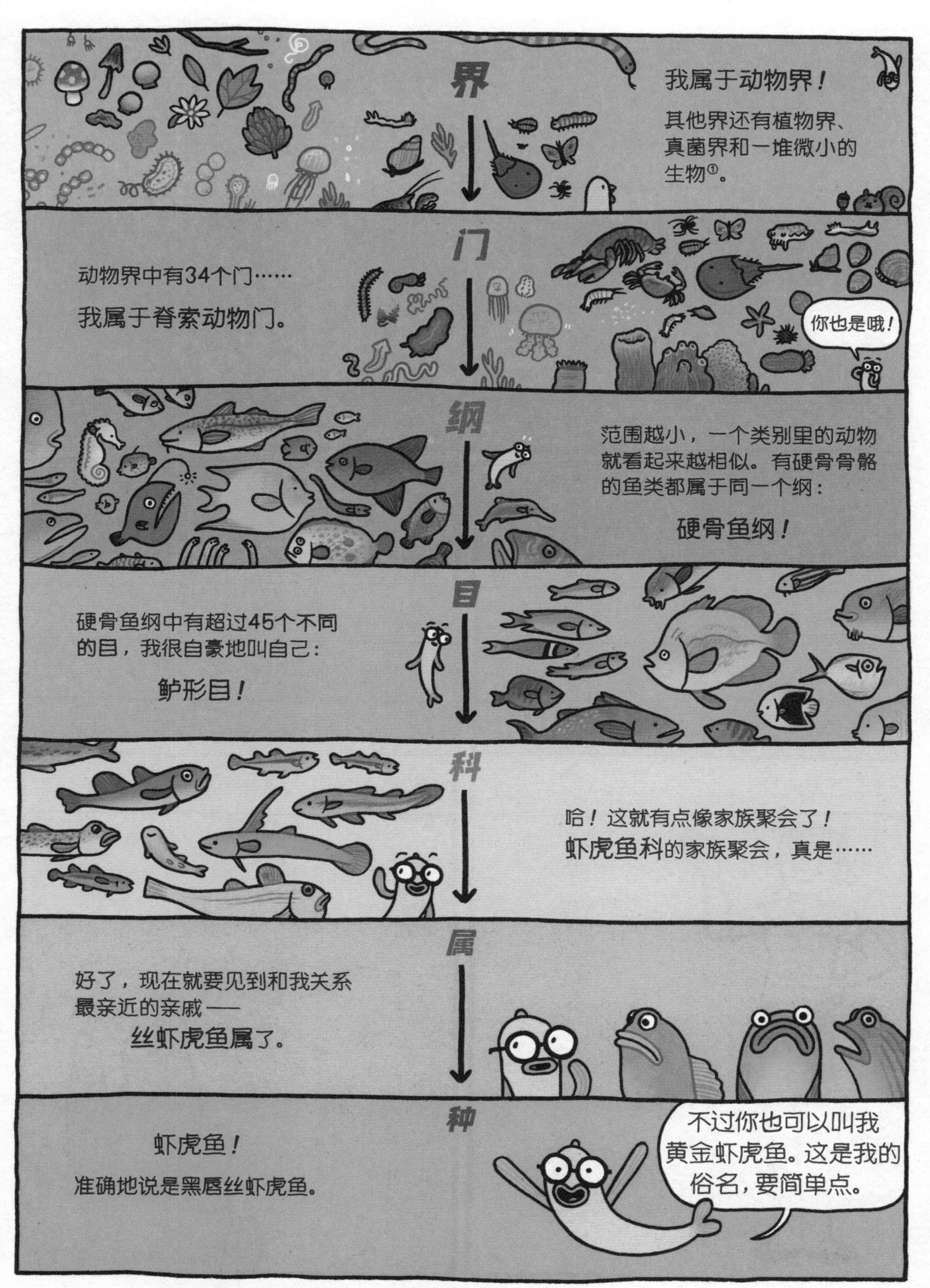

界
我属于动物界！
其他界还有植物界、真菌界和一堆微小的生物①。
门
动物界中有34个门……
我属于脊索动物门。
你也是哦！
纲
范围越小，一个类别里的动物就看起来越相似。有硬骨骨骼的鱼类都属于同一个纲：
硬骨鱼纲！
目
硬骨鱼纲中有超过45个不同的目，我很自豪地叫自己：
鲈形目！
科
哈！这就有点像家族聚会了！
虾虎鱼科的家族聚会，真是……
属
好了，现在就要见到和我关系最亲近的亲戚——
丝虾虎鱼属了。
种
虾虎鱼！
准确地说是黑唇丝虾虎鱼。
不过你也可以叫我黄金虾虎鱼。这是我的俗名，要简单点。

①细菌、古细菌和原生生物等生物，它们虽然很小，但都非常重要哦！

即使两种动物
有相似的特点，
也不能说明它们关系亲近。

你知道我的分类了吧，
我们再来比较一下
其他动物吧：

人类

柱形珊瑚

俗名：人类（也就是“人”，
这里是“作者”）

界：动物界

门：脊索动物门

纲：哺乳纲

目：灵长目

科：人科

俗名：柱形珊瑚

界：动物界

门：刺胞动物门

纲：珊瑚虫纲

目：石珊瑚目

科：多曲珊瑚科

属：柱珊瑚属
种：柱子珊瑚

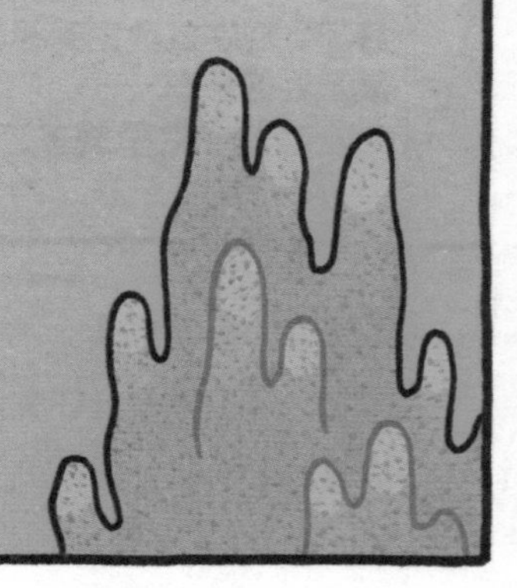

呼！
好多新词！
柱珊瑚属
门
石珊瑚目
界
门
纲
目
科
属
种
我们将主要关注
动物界……
不同的门，
单个物种和它的
俗名。
俗名
创造这个系统并不是为了让你的
科学考试变得更复杂。
分类法为全世界的科学家
提供了一种通用的
语言和规则。
珊瑚虫纲！
拥有一个全球通用的系统
使得科学界的数据共享
变得更加容易。
珊瑚虫纲！
珊瑚虫纲！
珊瑚虫纲！
珊瑚虫纲！
珊瑚礁称呼示意图
“团子虫”
“药丸虫”
我更喜欢叫
它“西瓜虫”。
“潮虫”
皮球虫
“鼠妇”
俗名更容易记。
不同的语言、不同的国家，
甚至不同的地区都可能用不同的
俗名来称呼同一种生物。

那么……
回到珊瑚上来吧。

让我们把刚刚
了解到的关于分类法的
知识，运用到我们的
刺胞动物朋友身上吧。

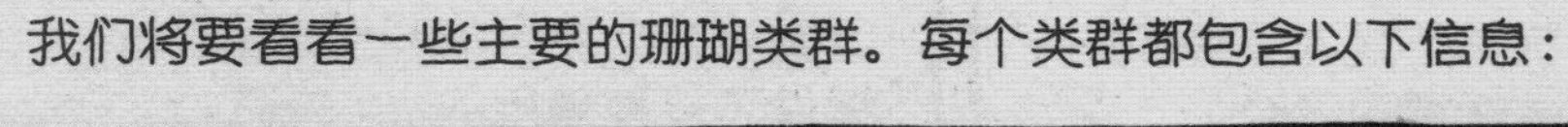
我们将要看看一些主要的珊瑚类群。每个类群都包含以下信息：

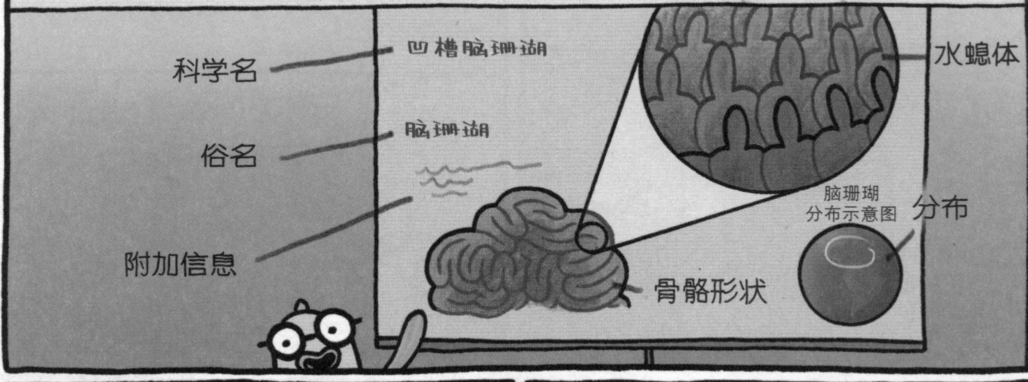
科学名
凹槽脑珊瑚
俗名
脑珊瑚
附加信息
水螅体
脑珊瑚
分布示意图
分布
骨骼形状

来这边，
我带你认识一些与众不同的
造礁珊瑚……

以及它们和
珊瑚礁生态系统中的其他生物
是怎么联系在一起的。

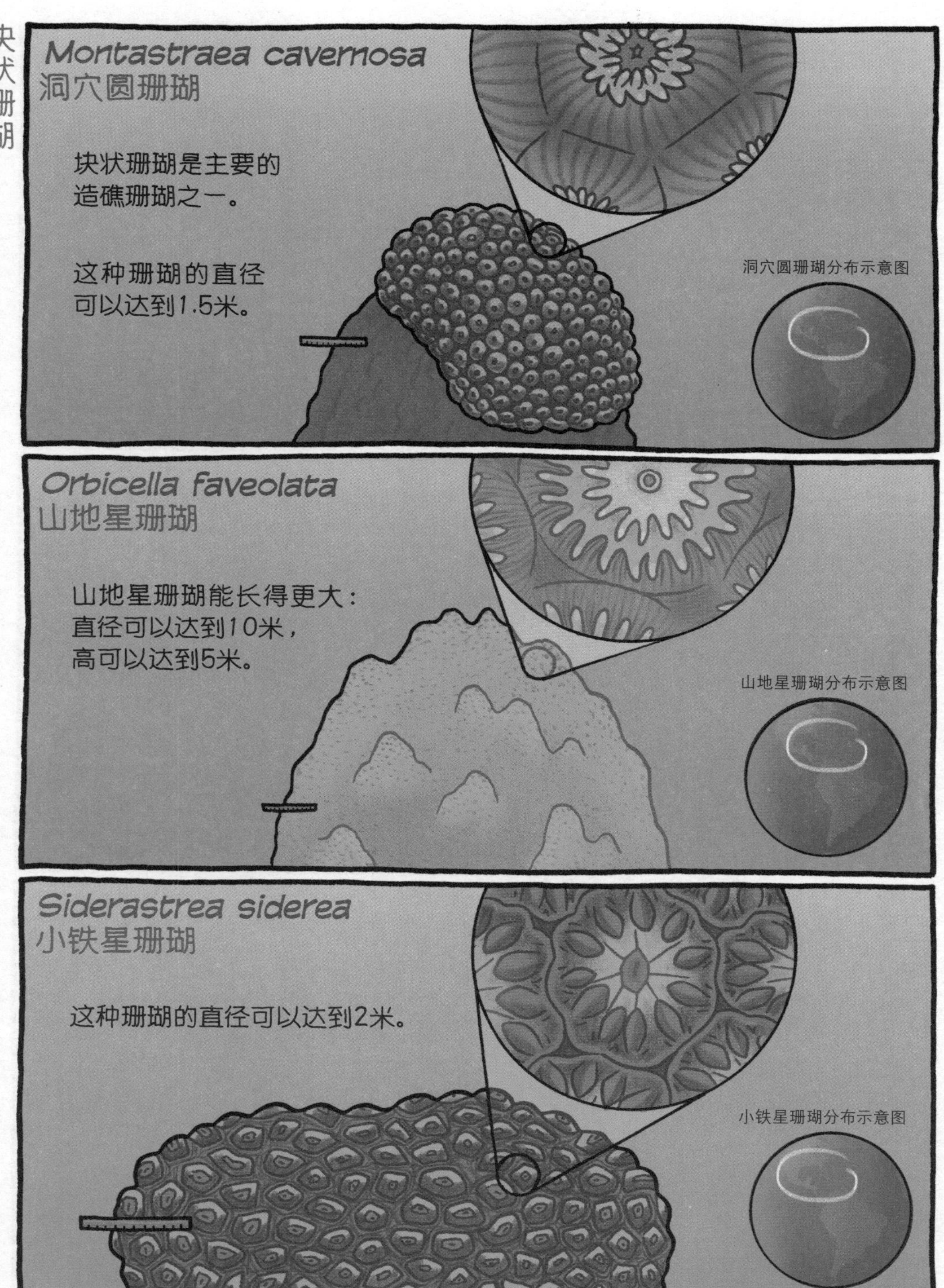
块状珊瑚
Montastraea cavernosa
洞穴圆珊瑚
块状珊瑚是主要的
造礁珊瑚之一。
这种珊瑚的直径
可以达到1.5米。
洞穴圆珊瑚分布示意图
Orbicella faveolata
山地星珊瑚
山地星珊瑚能长得更大：
直径可以达到10米，
高可以达到5米。
山地星珊瑚分布示意图
Siderastrea siderea
小铁星珊瑚
这种珊瑚的直径可以达到2米。
小铁星珊瑚分布示意图

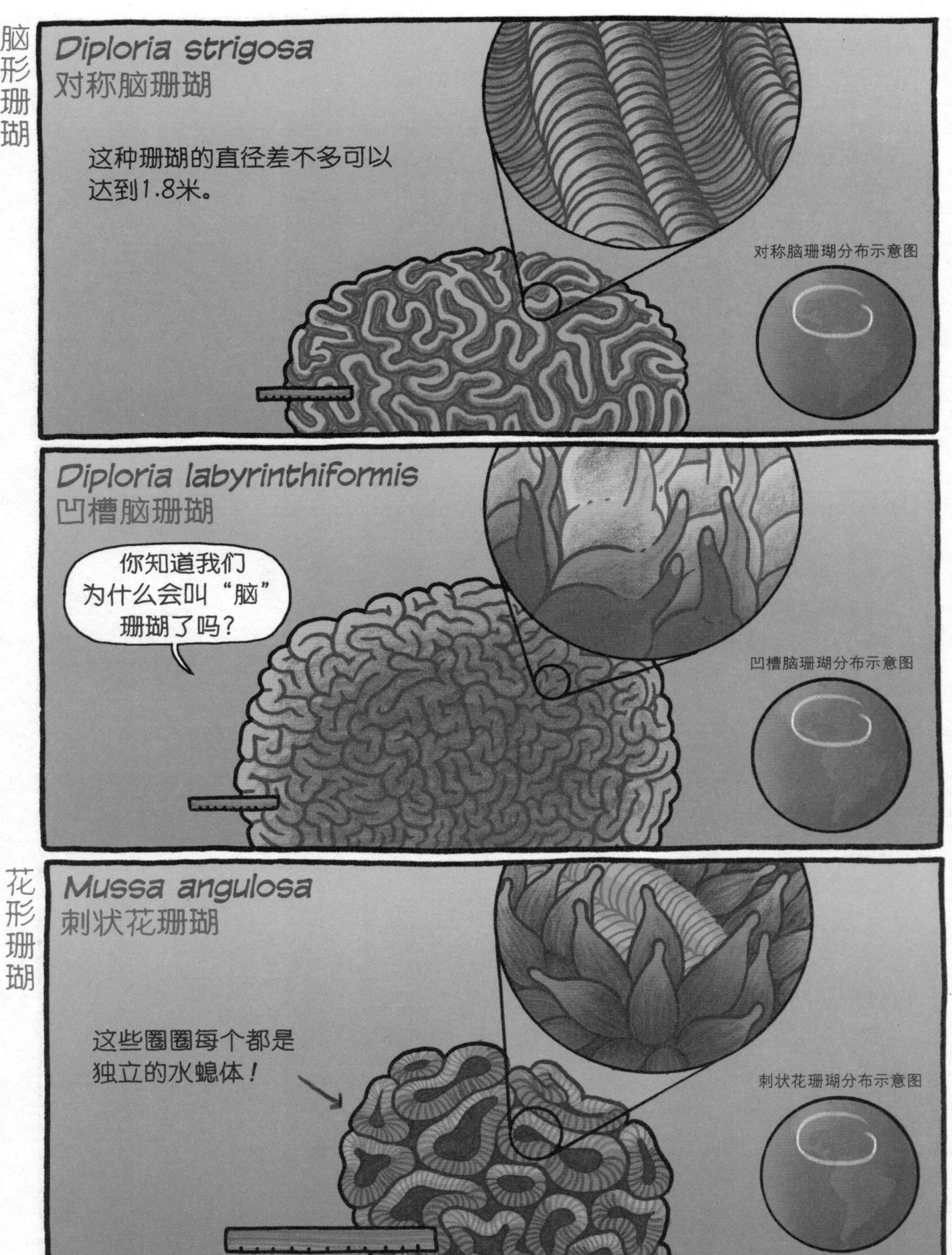
脑形珊瑚
Diploria strigosa
对称脑珊瑚
这种珊瑚的直径差不多可以
达到1.8米。
对称脑珊瑚分布示意图
Diploria labyrinthiformis
凹槽脑珊瑚
你知道我们
为什么会叫“脑”
珊瑚了吗？
凹槽脑珊瑚分布示意图
花形珊瑚
Mussa angulosa
刺状花珊瑚
这些圈圈每个都是
独立的水螅体！
刺状花珊瑚分布示意图

分枝状珊瑚

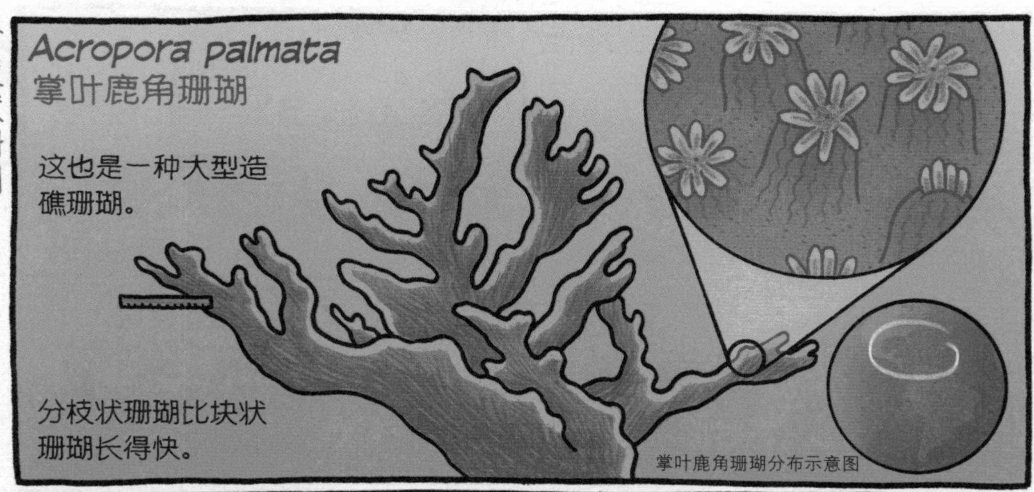
Acropora palmata
掌叶鹿角珊瑚
这也是一种大型造礁珊瑚。
分枝状珊瑚比块状珊瑚长得快。
掌叶鹿角珊瑚分布示意图

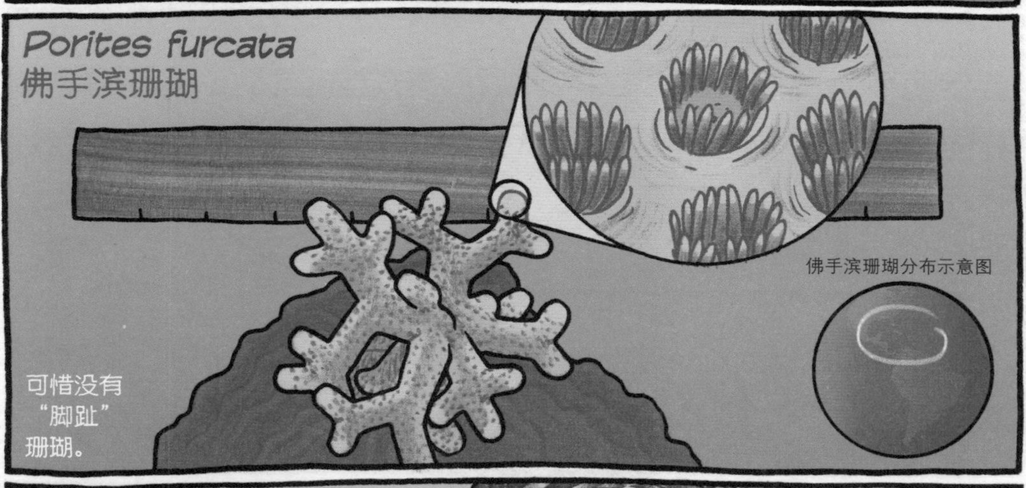
Porites furcata
佛手滨珊瑚
佛手滨珊瑚分布示意图
可惜没有"脚趾"珊瑚。

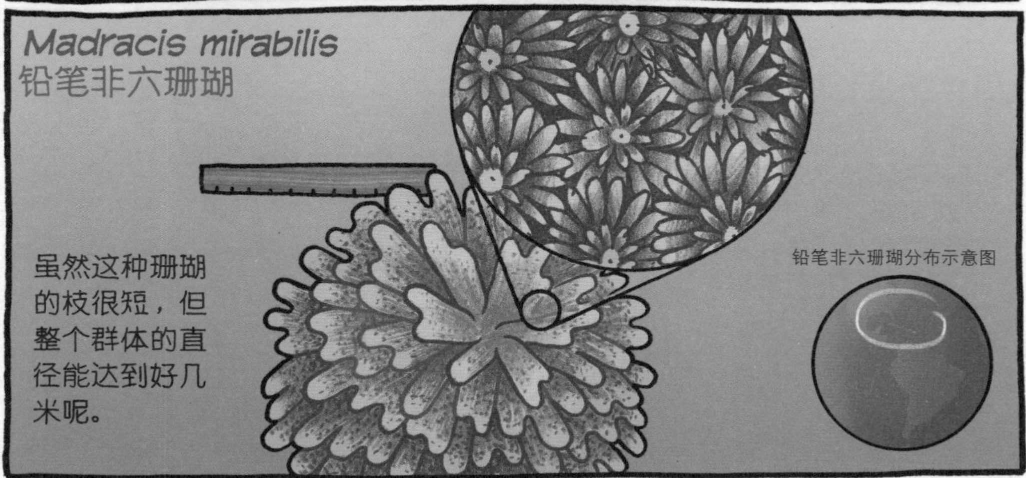
Madracis mirabilis
铅笔非六珊瑚
虽然这种珊瑚的枝很短，但整个群体的直径能达到好几米呢。
铅笔非六珊瑚分布示意图

菌珊瑚

Montipora aequituberculata
瘿叶蔷薇珊瑚
这种珊瑚呈片状，
能够覆盖珊瑚礁的
很大一部分。
瘿叶蔷薇珊瑚
分布示意图

Agaricia fragilis
碟状菌珊瑚
我们可以在暗礁下和珊瑚礁
顶部找到碟状菌珊瑚①。
碟状菌珊瑚分布示意图

杯形珊瑚

Tubastraea coccinae
简单筒星珊瑚
杯形珊瑚不会造礁，甚至没有
虫黄藻。不过，不论在深海的
冷水里，还是在浅海的暖水中
都能看见它们的身影。
简单筒星珊瑚分布示意图

①不要和“飞碟珊瑚”混淆哦。

单体珊瑚

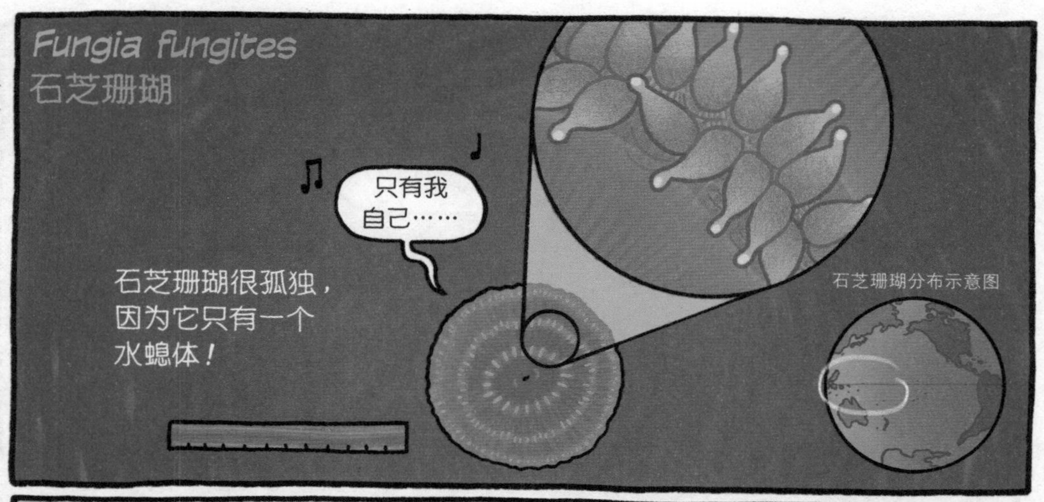

Fungia fungites
石芝珊瑚
只有我自己……
石芝珊瑚很孤独，因为它只有一个水螅体！
石芝珊瑚分布示意图

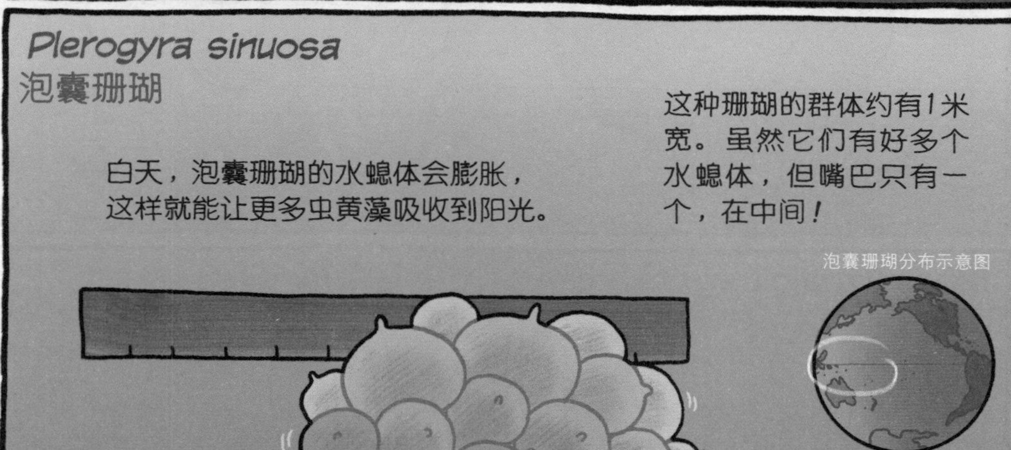

Plerogyra sinuosa
泡囊珊瑚
白天，泡囊珊瑚的水螅体会膨胀，这样就能让更多虫黄藻吸收到阳光。
这种珊瑚的群体约有1米宽。虽然它们有好多个水螅体，但嘴巴只有一个，在中间！
泡囊珊瑚分布示意图

软珊瑚

目：软珊瑚目

软珊瑚不像它们的表亲硬珊瑚一样会生成碳酸钙骨骼，而是会制造出像外壳一样的微小结构，叫作钙质骨针。这些钙质骨针不但能为珊瑚提供支撑，而且质地粗糙，能充当盔甲，抵御捕食者。

来吃我啊——看你敢不敢！

我们虽然柔软，但很勇敢！

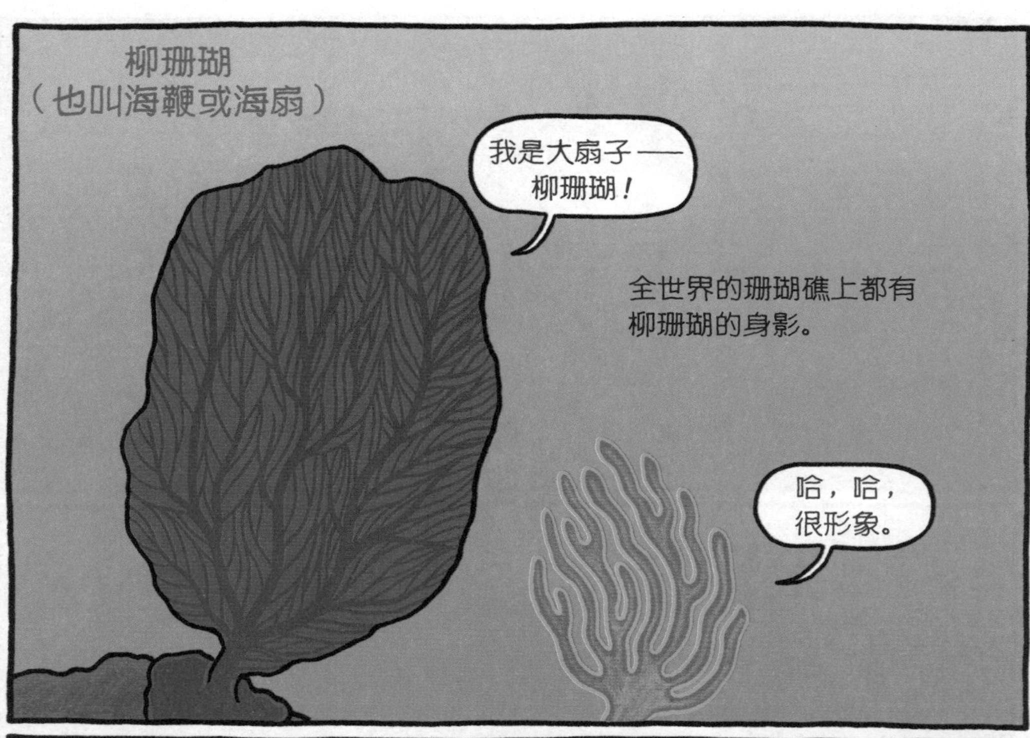
柳珊瑚
（也叫海鞭或海扇）
我是大扇子——柳珊瑚！
全世界的珊瑚礁上都有柳珊瑚的身影。
哈，哈，很形象。

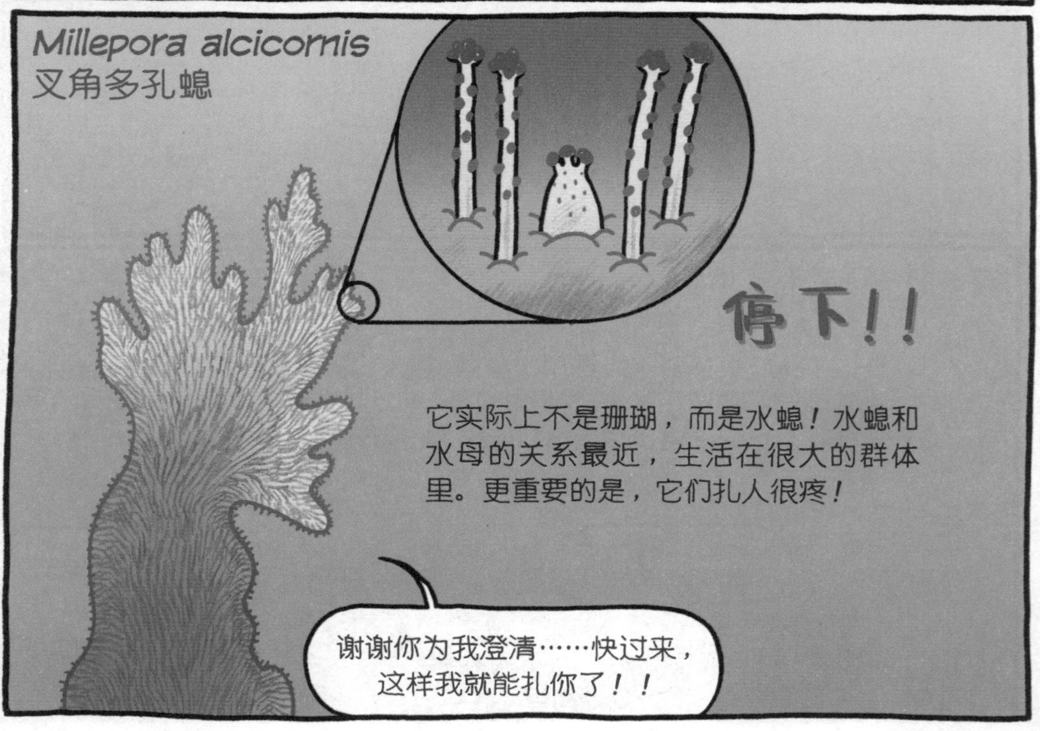
Millepora alcicornis
叉角多孔螅
停下！！
它实际上不是珊瑚，而是水螅！水螅和水母的关系最近，生活在很大的群体里。更重要的是，它们扎人很疼！
谢谢你为我澄清……快过来，这样我就能扎你了！！

①虽然说得没错，但还是千万别碰水母哦。

我们不能只了解刺胞动物，
珊瑚礁里还住着很多很多其
他的无脊椎动物呢：

环节动物门！
扁形动物门！
棘皮动物门！
节肢动物门！
多孔动物门！
软体动物门！

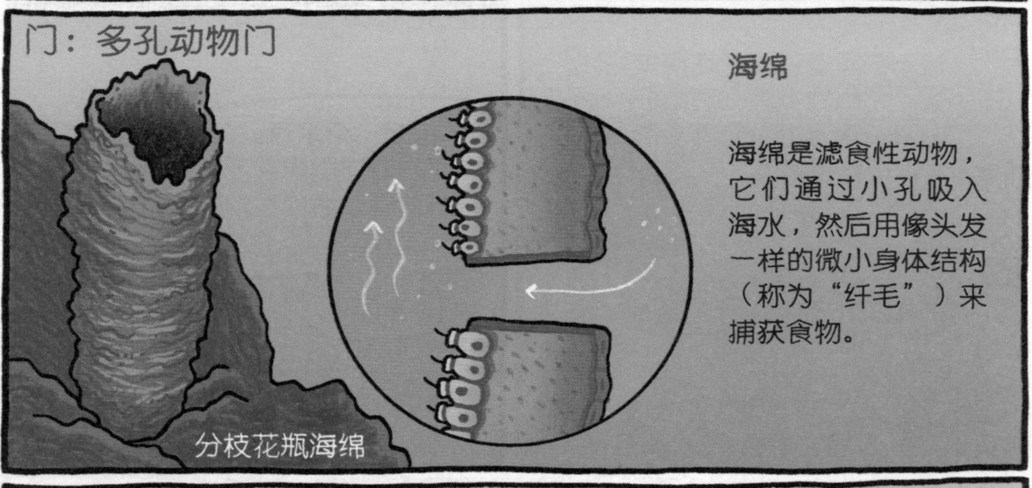
门：多孔动物门
海绵
海绵是滤食性动物，
它们通过小孔吸入
海水，然后用像头发
一样的微小身体结构
（称为“纤毛”）来
捕获食物。
分枝花瓶海绵

哇哦！
巨型桶状海绵
虽然海绵的各个身体部分
很小，但实际上，它们可
以长到很大。
茎状移色海绵
棕壳章鱼海绵

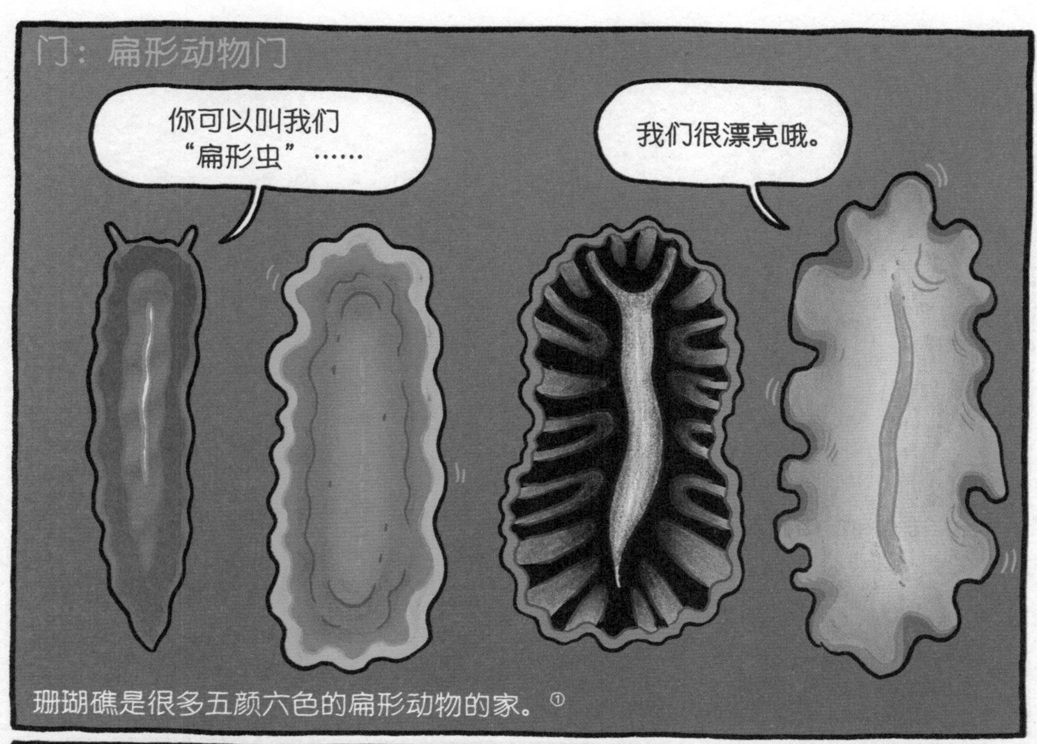
门：扁形动物门
你可以叫我们“扁形虫”……
我们很漂亮哦。
珊瑚礁是很多五颜六色的扁形动物的家。①

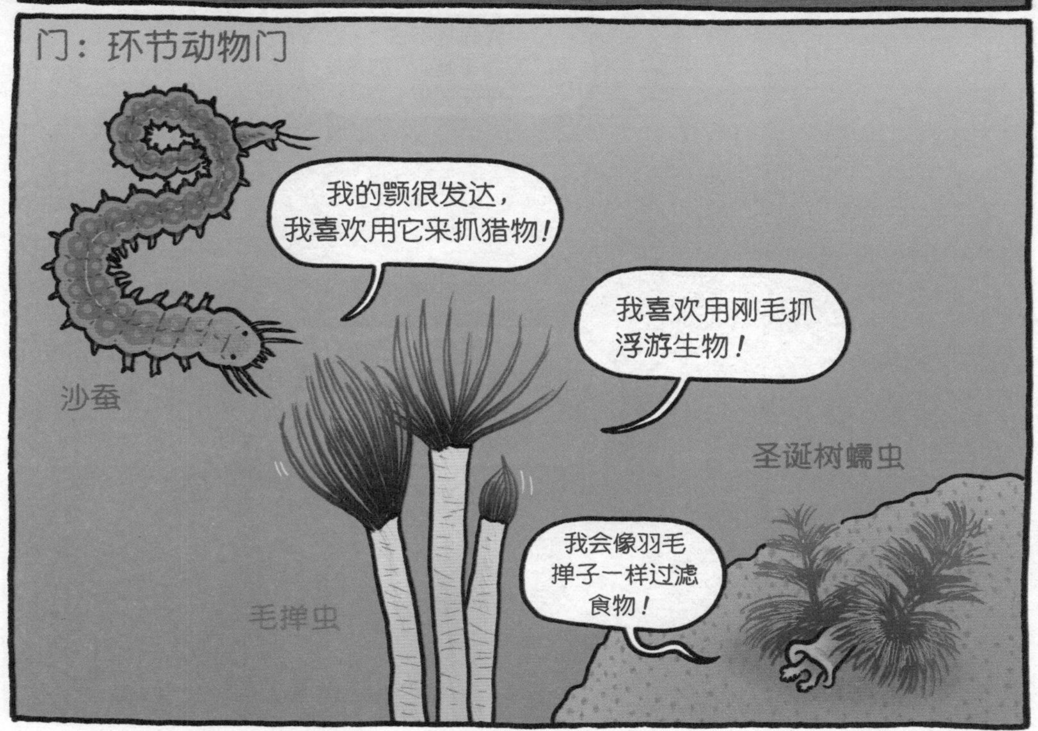
门：环节动物门
我的颚很发达，我喜欢用它来抓猎物！
我喜欢用刚毛抓浮游生物！
沙蚕
圣诞树蠕虫
我会像羽毛掸子一样过滤食物！
毛掸虫

①这里没提到寄生扁形虫，比如在鲸鱼肠道内发现的长达30多米的扁形虫。

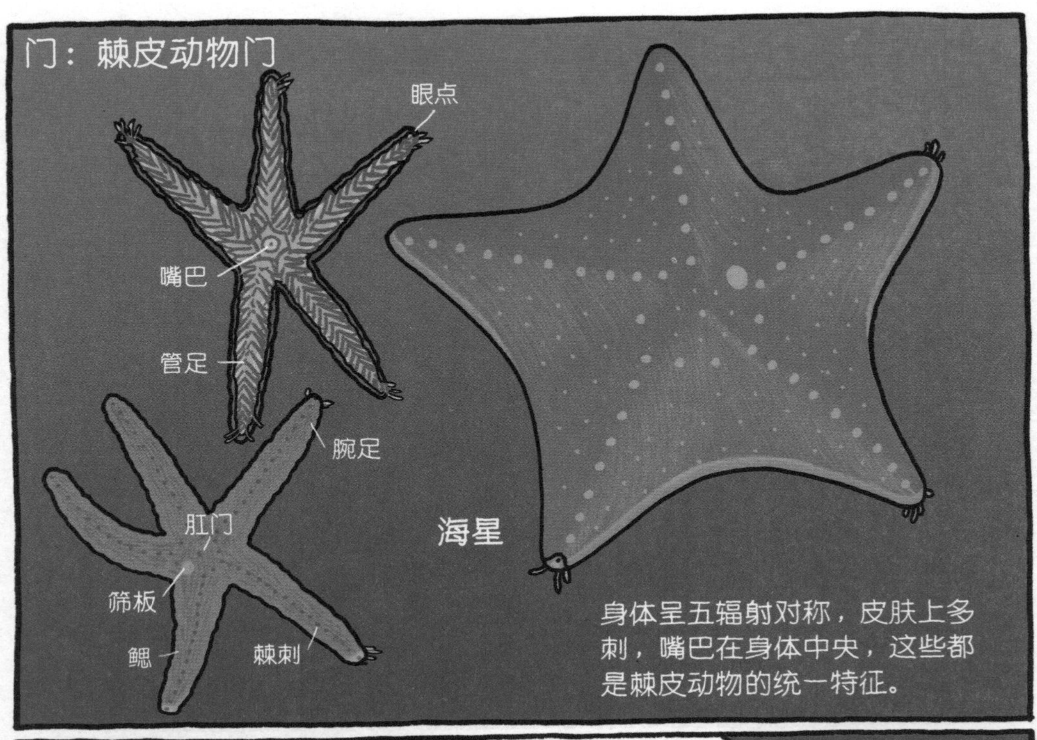
门：棘皮动物门
眼点
嘴巴
管足
腕足
肛门
筛板
鳃
棘刺
海星
身体呈五辐射对称，皮肤上多刺，嘴巴在身体中央，这些都是棘皮动物的统一特征。

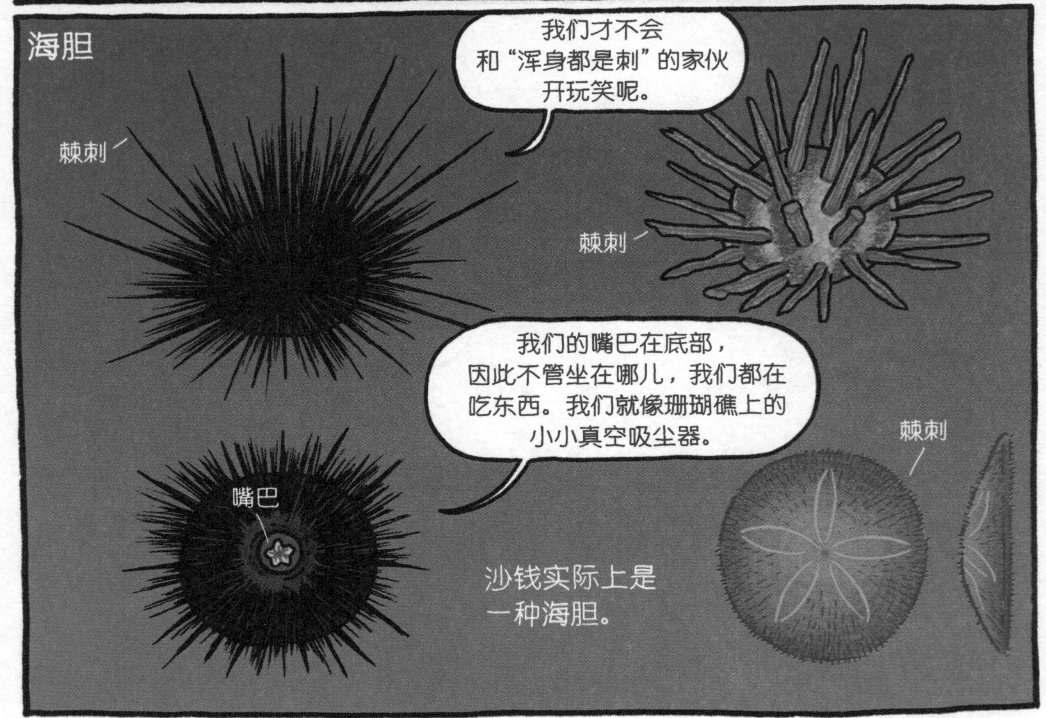
海胆
我们才不会和“浑身都是刺”的家伙开玩笑呢。
棘刺
棘刺
我们的嘴巴在底部，因此不管坐在哪儿，我们都在吃东西。我们就像珊瑚礁上的小小真空吸尘器。
棘刺
嘴巴
沙钱实际上是一种海胆。

海参
这些像花一样的小东西是
我用来捕猎食物的触手。如果有
浮游生物经过，我就会把它困住，
然后送进嘴里。
虽然名字里带
“参”字，但我们可和
人参没关系哦。

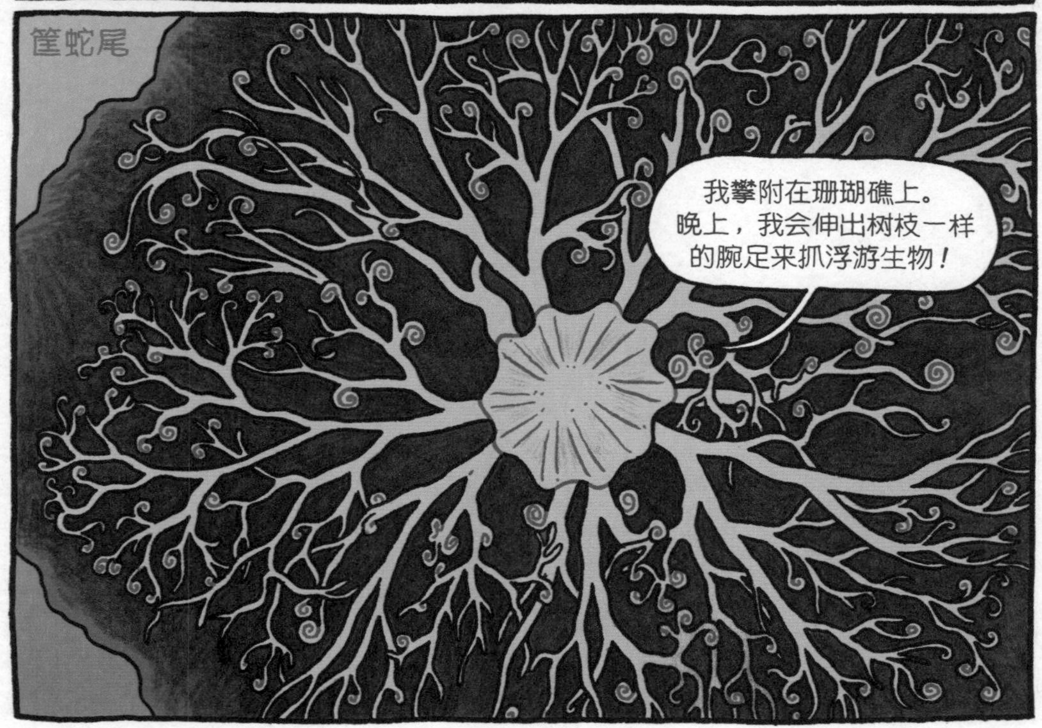
筐蛇尾
我攀附在珊瑚礁上。
晚上，我会伸出树枝一样
的腕足来抓浮游生物！

①很多软体动物在移动的时候都会有点……黏糊糊的。

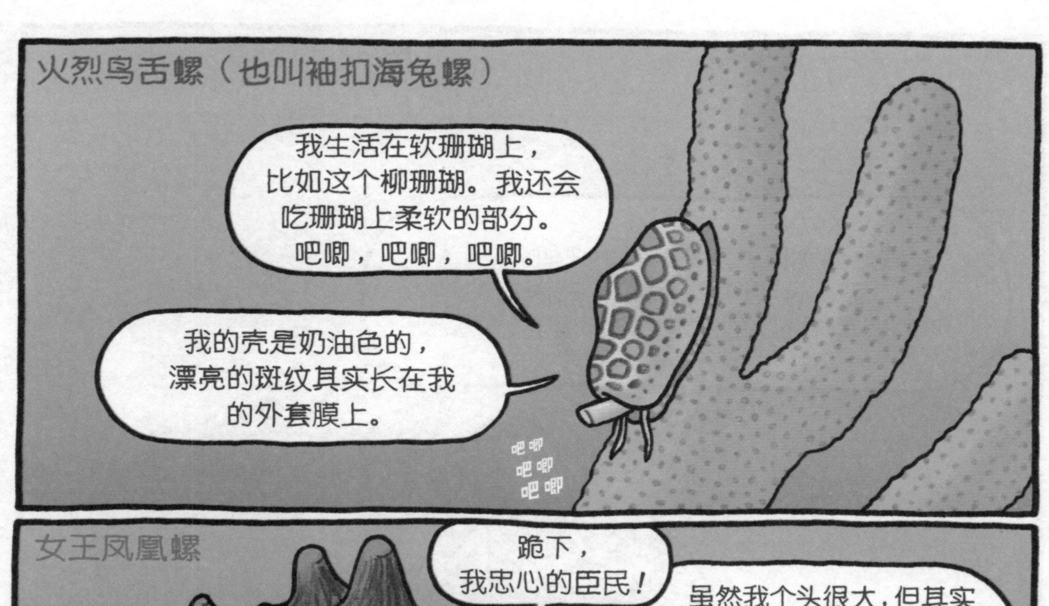
火烈鸟舌螺（也叫袖扣海兔螺）
我生活在软珊瑚上，比如这个柳珊瑚。我还会吃珊瑚上柔软的部分。吧唧，吧唧，吧唧。
我的壳是奶油色的，漂亮的斑纹其实长在我的外套膜上。
吧唧
吧唧
吧唧

女王凤凰螺
跪下，我忠心的臣民！
虽然我个头很大，但其实是食草动物，主要吃藻类。我也是珊瑚礁上的真空吸尘器，不过是“皇家”的哦。

鸡心螺
我是世界上最毒的动物之一，我的毒液足以杀死最大的动物，但我只用它来杀死猎物……我的猎物嘛，就是小鱼而已。
我通过身体里的“鱼叉”（齿舌）来释放毒液。
哈！你就是只蜗牛啊——
啊——

叉住了！

①不，不，并不是这样。舞曲对海洋生命的影响还没有人研究过呢。

这些家伙……绝对是最棒的伪装者。

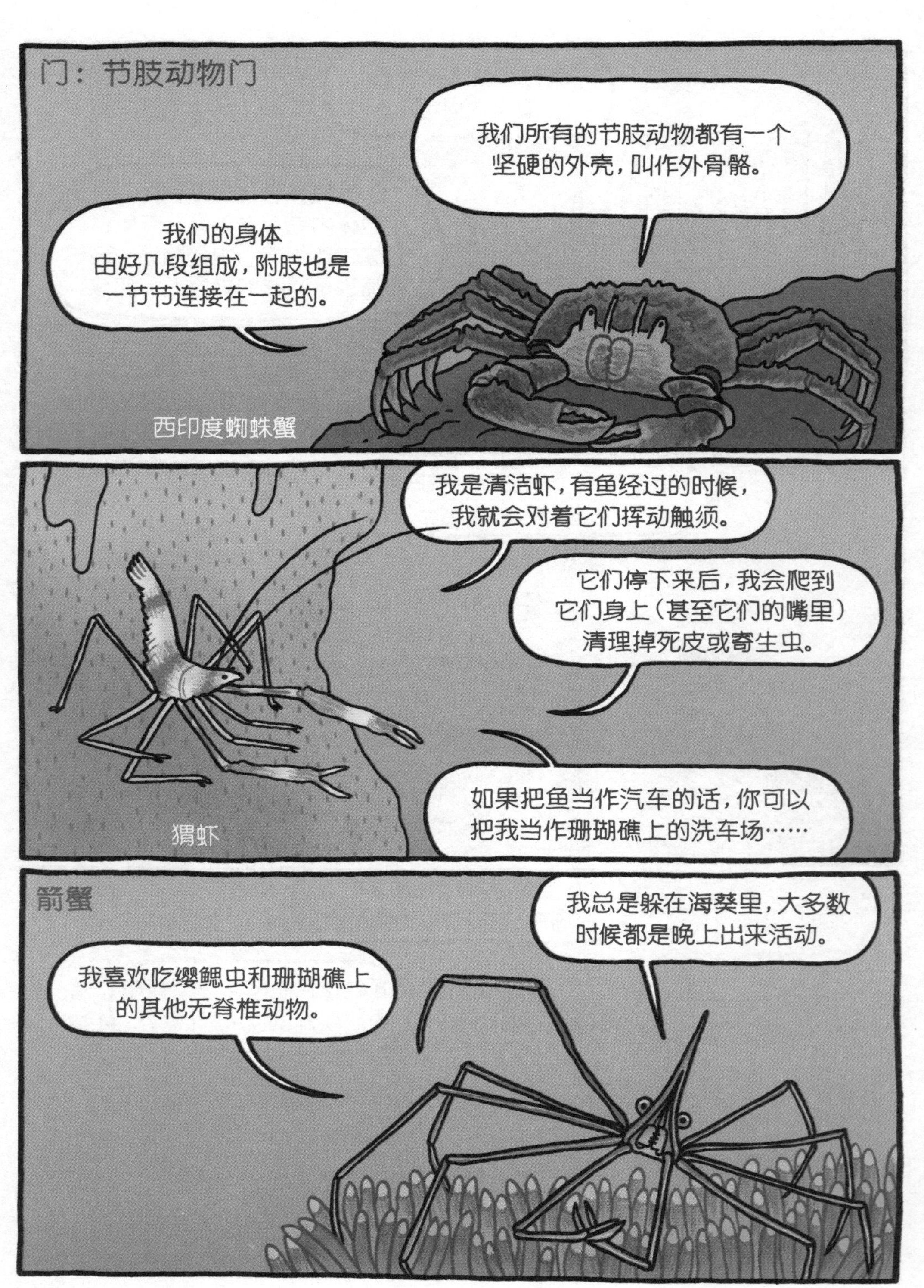

嘟嘟——嘟嘟——给小鱼汽车让路咯！

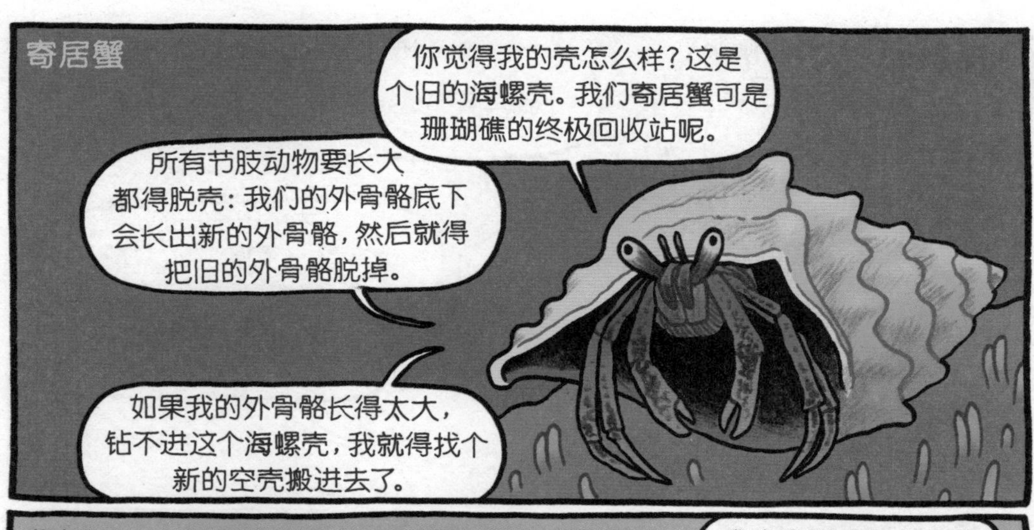
寄居蟹
你觉得我的壳怎么样？这是个旧的海螺壳。我们寄居蟹可是珊瑚礁的终极回收站呢。
所有节肢动物要长大都得脱壳：我们的外骨骼底下会长出新的外骨骼，然后就得把旧的外骨骼脱掉。
如果我的外骨骼长得太大，钻不进这个海螺壳，我就得找个新的空壳搬进去了。

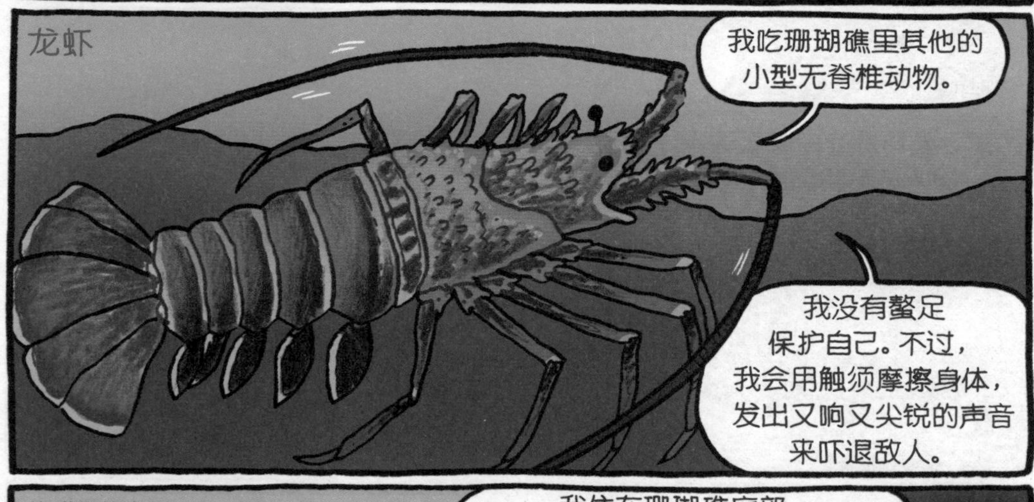
龙虾
我吃珊瑚礁里其他的小型无脊椎动物。
我没有螯足保护自己。不过，我会用触须摩擦身体，发出又响又尖锐的声音来吓退敌人。

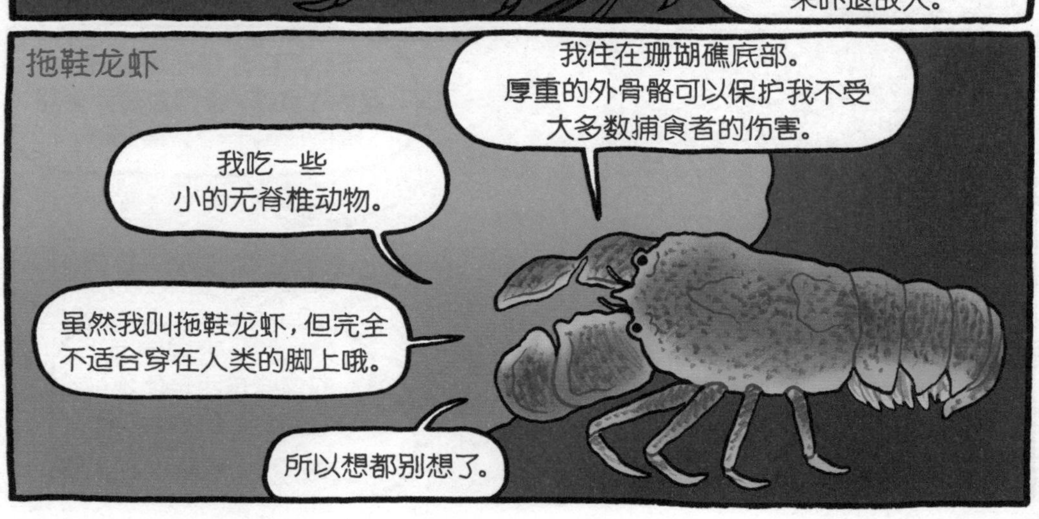
拖鞋龙虾
我住在珊瑚礁底部。厚重的外骨骼可以保护我不受大多数捕食者的伤害。
我吃一些小的无脊椎动物。
虽然我叫拖鞋龙虾，但完全不适合穿在人类的脚上哦。
所以想都别想了。

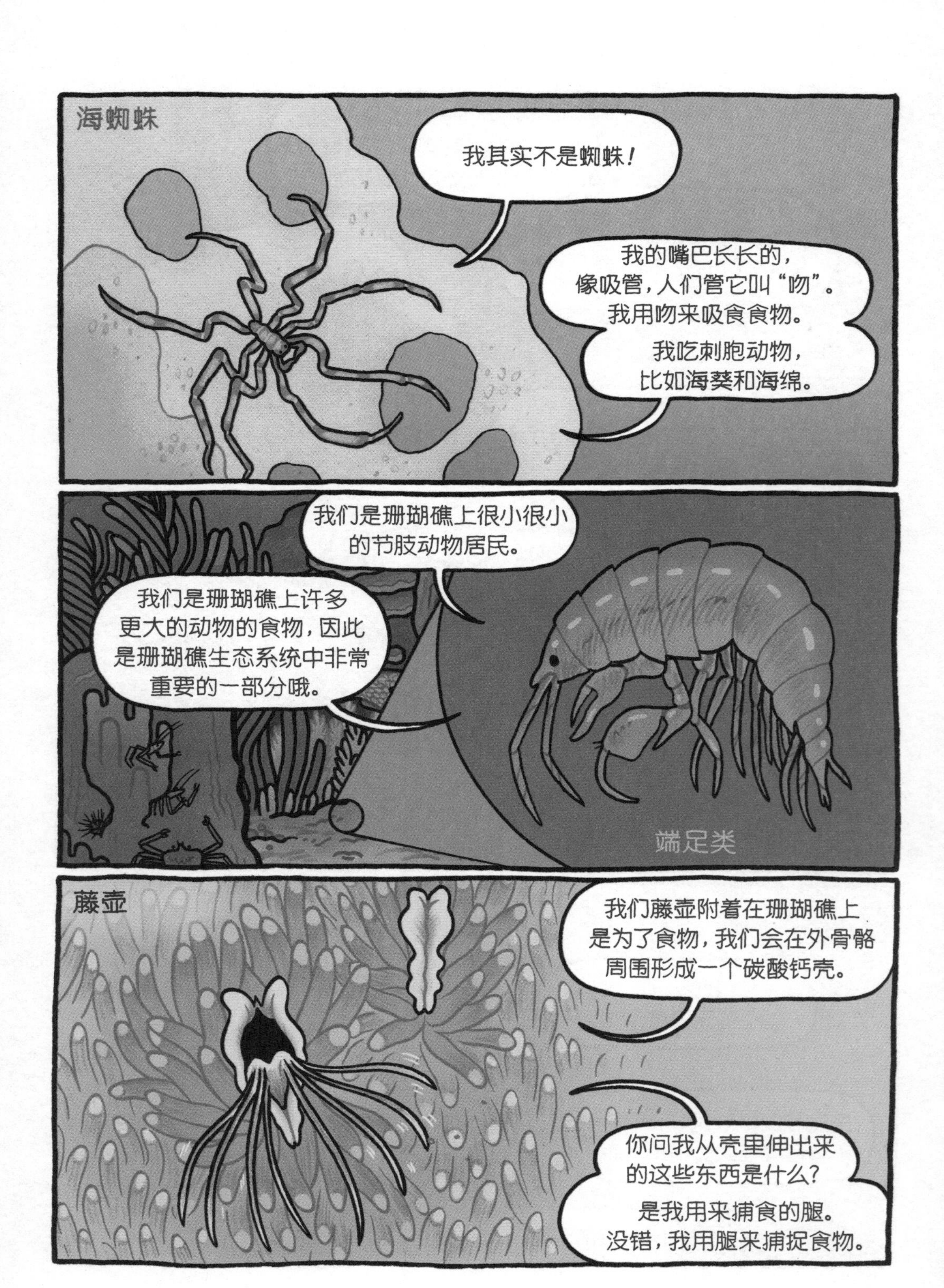
海蜘蛛
我其实不是蜘蛛！
我的嘴巴长长的，
像吸管，人们管它叫“吻”。
我用吻来吸食食物。
我吃刺胞动物，
比如海葵和海绵。
我们是珊瑚礁上很小很小
的节肢动物居民。
我们是珊瑚礁上许多
更大的动物的食物，因此
是珊瑚礁生态系统中非常
重要的一部分哦。
端足类
藤壶
我们藤壶附着在珊瑚礁上
是为了食物，我们会在外骨骼
周围形成一个碳酸钙壳。
你问我从壳里伸出来
的这些东西是什么？
是我用来捕食的腿。
没错，我用腿来捕捉食物。

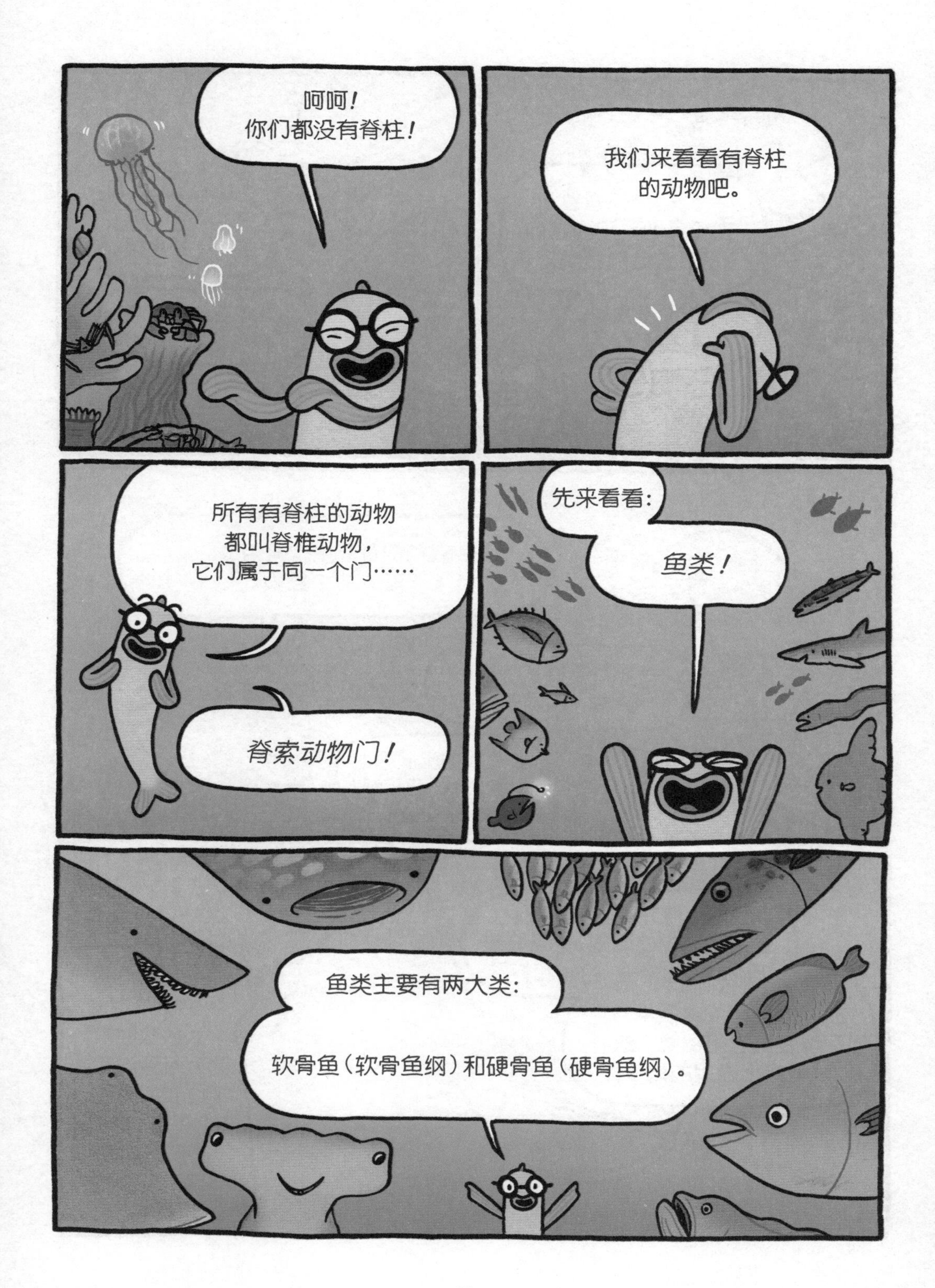
呵呵！
你们都没有脊柱！
我们来看看有脊柱
的动物吧。
所有有脊柱的动物
都叫脊椎动物，
它们属于同一个门……
脊索动物门！
先来看看：
鱼类！
鱼类主要有两大类：
软骨鱼（软骨鱼纲）和硬骨鱼（硬骨鱼纲）。

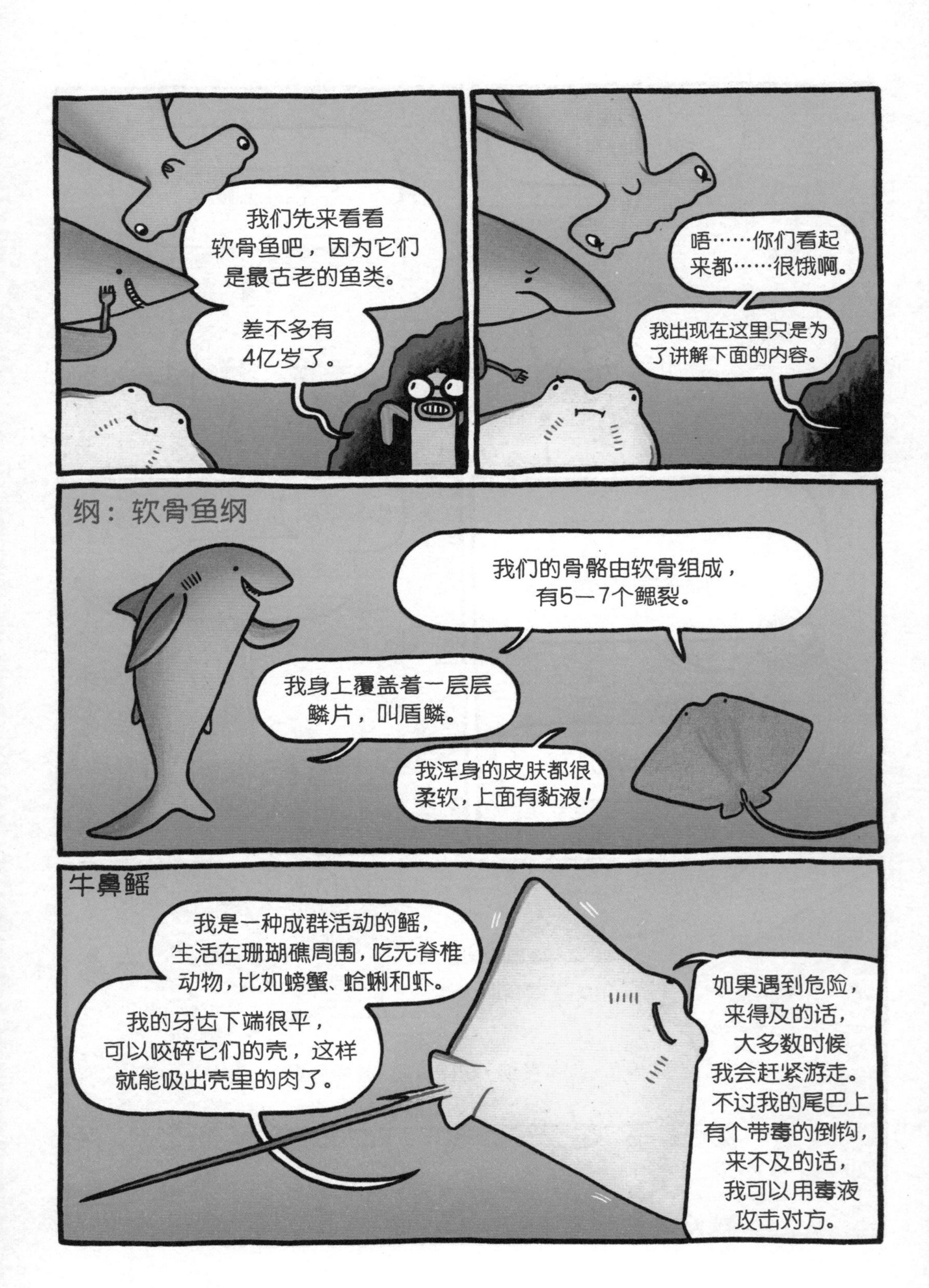
我们先来看看
软骨鱼吧，因为它们
是最古老的鱼类。
差不多有
4亿岁了。
唔……你们看起
来都……很饿啊。
我出现在这里只是为
了讲解下面的内容。
纲：软骨鱼纲
我们的骨骼由软骨组成，
有5—7个鳃裂。
我身上覆盖着一层层
鳞片，叫盾鳞。
我浑身的皮肤都很
柔软，上面有黏液！
牛鼻鲼
我是一种成群活动的鳐，
生活在珊瑚礁周围，吃无脊椎
动物，比如螃蟹、蛤蜊和虾。
我的牙齿下端很平，
可以咬碎它们的壳，这样
就能吸出壳里的肉了。
如果遇到危险，
来得及的话，
大多数时候
我会赶紧游走。
不过我的尾巴上
有个带毒的倒钩，
来不及的话，
我可以用毒液
攻击对方。

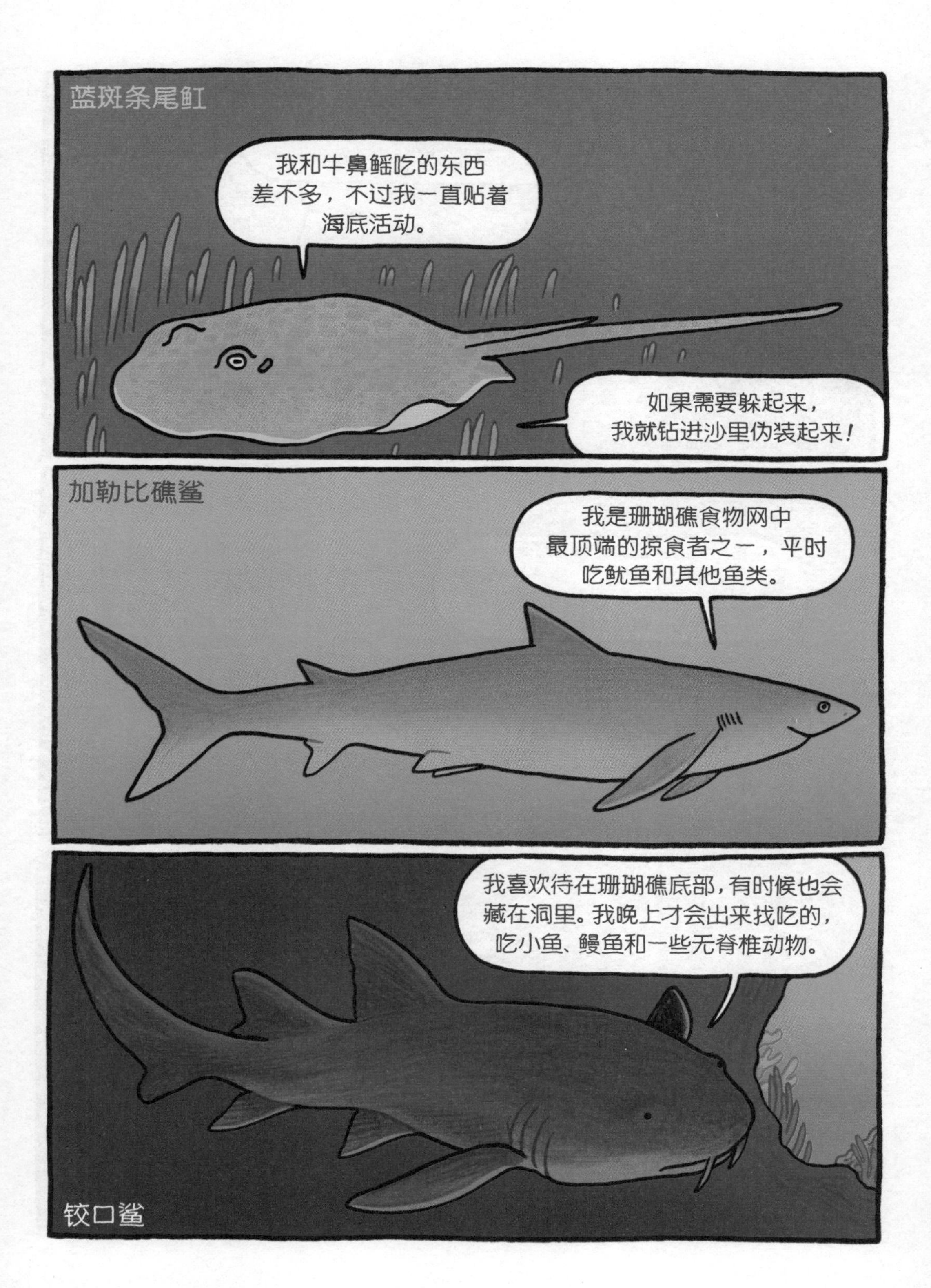
蓝斑条尾魟
我和牛鼻鲼吃的东西差不多，不过我一直贴着海底活动。
如果需要躲起来，我就钻进沙里伪装起来！
加勒比礁鲨
我是珊瑚礁食物网中最顶端的掠食者之一，平时吃鱿鱼和其他鱼类。
我喜欢待在珊瑚礁底部，有时候也会藏在洞里。我晚上才会出来找吃的，吃小鱼、鳗鱼和一些无脊椎动物。
铰口鲨

我是一种小鲨鱼，
白天藏在珊瑚礁里，晚上出来
找无脊椎动物和鱼类吃。
我身上有很多斑点。
这些斑点是我的伪装色，可
以帮助我躲避其他的捕食者
（比如更大的鲨鱼）。
斑鲨（太平洋）

肩章鲨（太平洋）
看见我身上那个大黑点了吗？
它实际上是个“假眼”。捕食者从远处
看到它，可能会以为我比实际体型
大很多，就不敢吃我了。

我生活在珊瑚礁里
或者珊瑚礁周围，
有时候也生活在潮池里。
我和其他鲨鱼一样游泳，
但在狭小的空间里，我的
鳍还能像腿一样爬行。

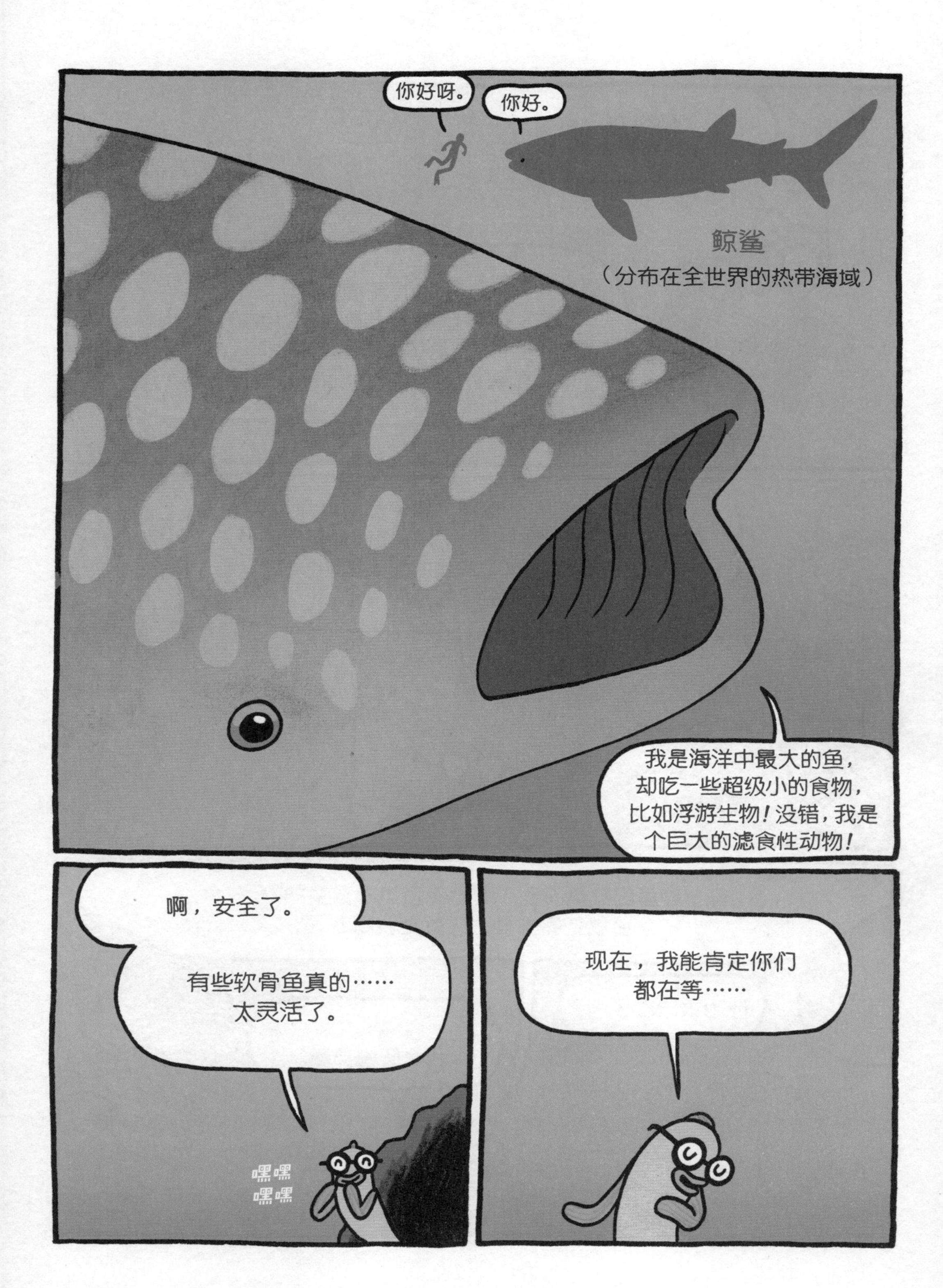
你好呀。
你好。
鲸鲨
（分布在全世界的热带海域）
我是海洋中最大的鱼，却吃一些超级小的食物，比如浮游生物！没错，我是个巨大的滤食性动物！
啊，安全了。
有些软骨鱼真的……太灵活了。
嘿嘿嘿嘿
现在，我能肯定你们都在等……

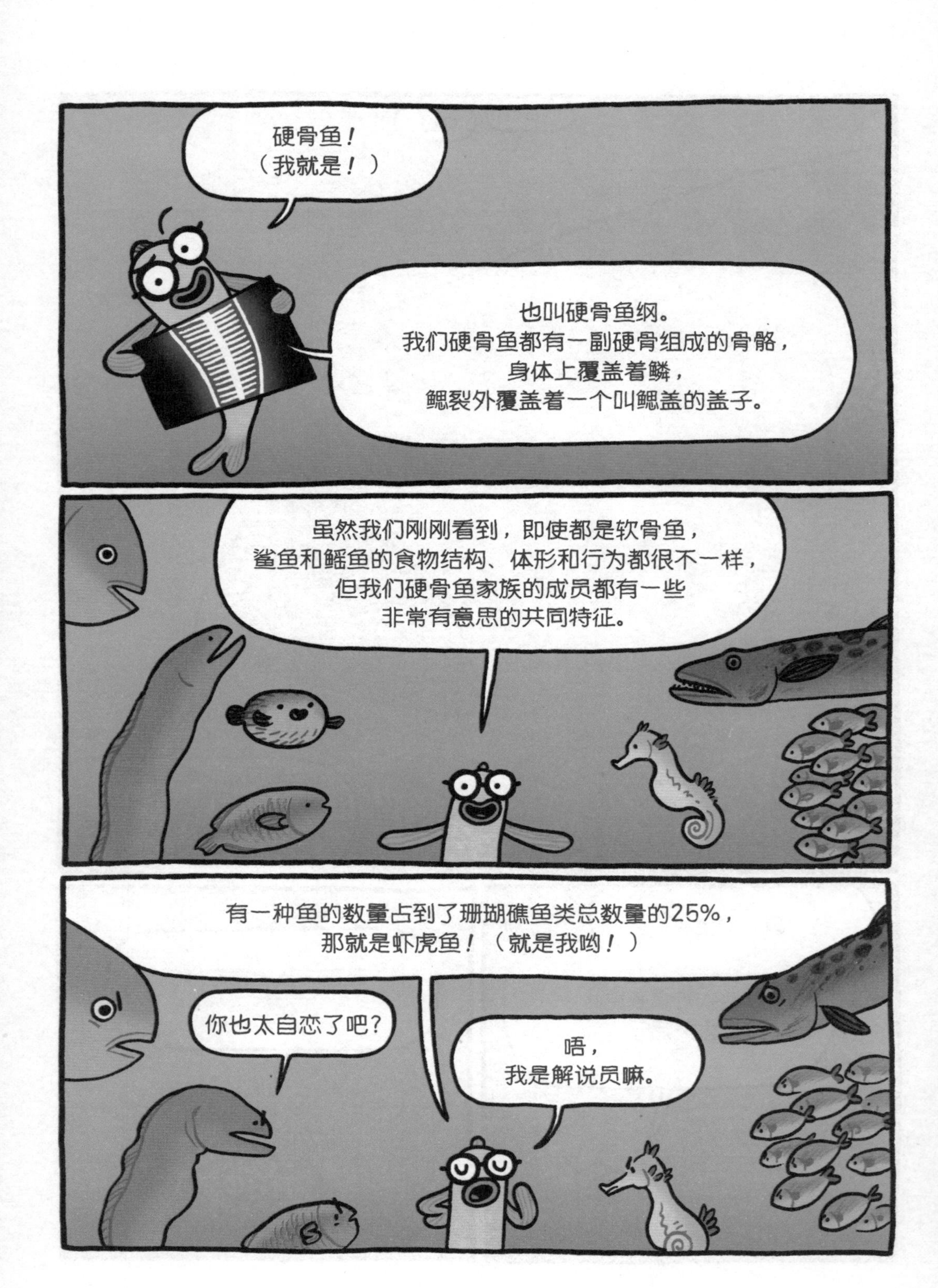
硬骨鱼！
（我就是！）
也叫硬骨鱼纲。
我们硬骨鱼都有一副硬骨组成的骨骼，
身体上覆盖着鳞，
鳃裂外覆盖着一个叫鳃盖的盖子。
虽然我们刚刚看到，即使都是软骨鱼，
鲨鱼和鳐鱼的食物结构、体形和行为都很不一样，
但我们硬骨鱼家族的成员都有一些
非常有意思的共同特征。
有一种鱼的数量占到了珊瑚礁鱼类总数量的25%，
那就是虾虎鱼！（就是我哟！）
你也太自恋了吧？
唔，
我是解说员嘛。

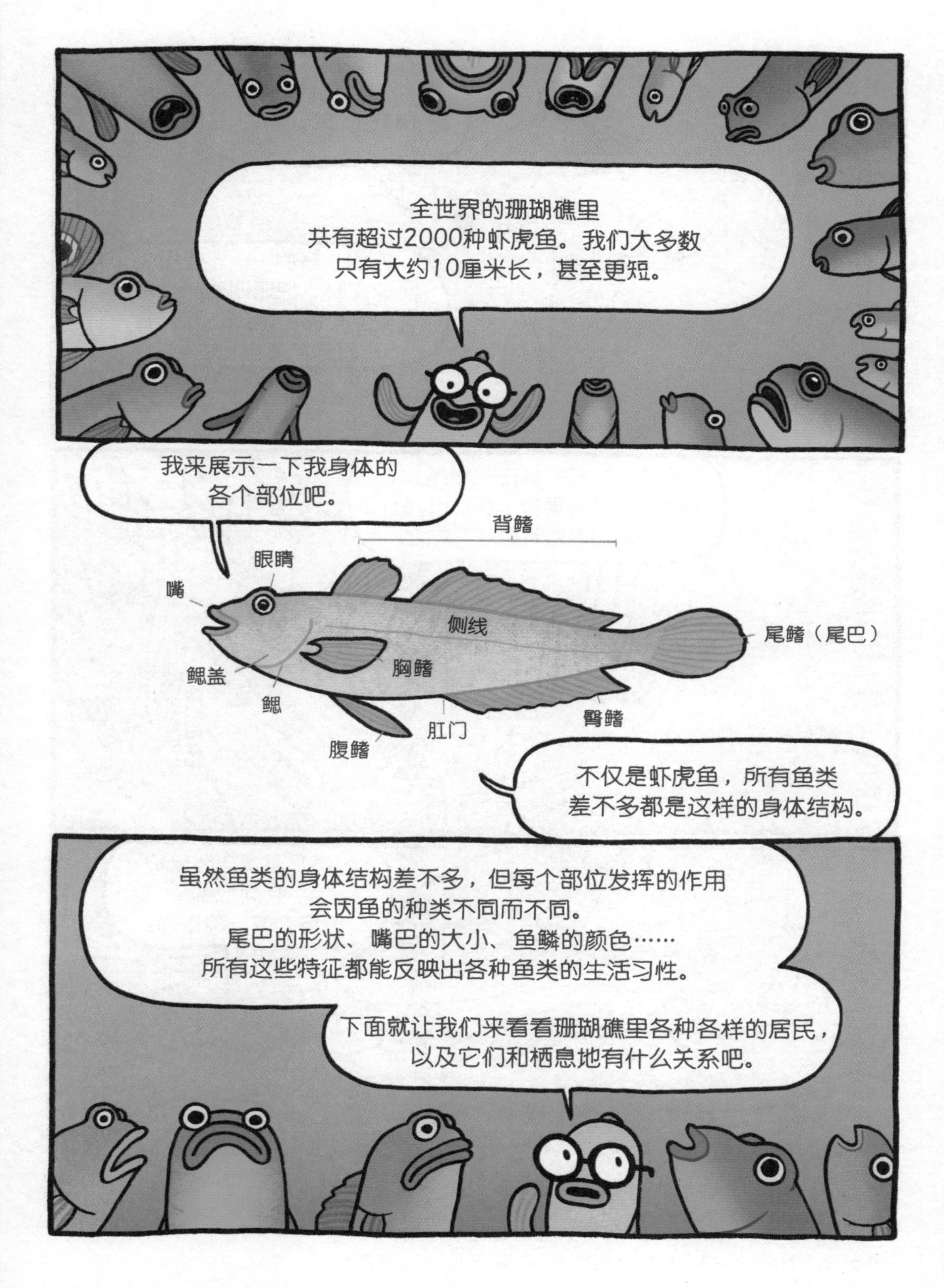
全世界的珊瑚礁里
共有超过2000种虾虎鱼。我们大多数
只有大约10厘米长，甚至更短。
我来展示一下我身体的
各个部位吧。
背鳍
眼睛
嘴
侧线
尾鳍（尾巴）
鳃盖
胸鳍
鳃
臀鳍
肛门
腹鳍
不仅是虾虎鱼，所有鱼类
差不多都是这样的身体结构。
虽然鱼类的身体结构差不多，但每个部位发挥的作用
会因鱼的种类不同而不同。
尾巴的形状、嘴巴的大小、鱼鳞的颜色……
所有这些特征都能反映出各种鱼类的生活习性。
下面就让我们来看看珊瑚礁里各种各样的居民，
以及它们和栖息地有什么关系吧。

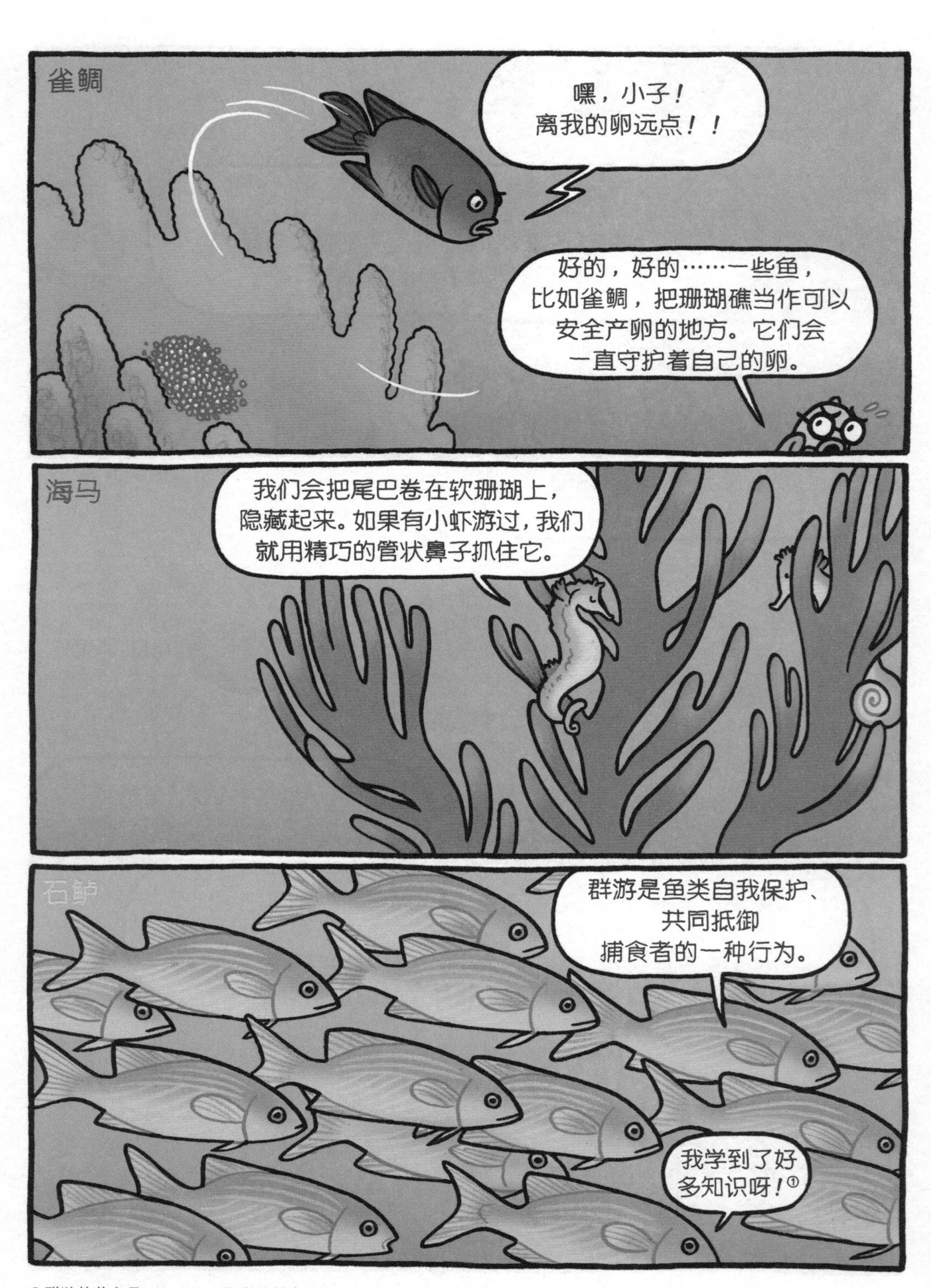

①群游的英文是schooling，和学校教育是同一个词，这里是在用一语双关来幽默。

鹦嘴鱼
全世界的珊瑚礁里一共生活着90多种不同的鹦嘴鱼。
我刚好是一条虹彩鹦嘴鱼。
我能叫这个名字，多亏我那色彩绚丽的鱼鳞……
唔……我的嘴巴很锋利，像鸟喙一样，能咬下珊瑚礁表面的藻类。
吧唧吧唧
一些鹦嘴鱼甚至会吃珊瑚水螅体，我们就像珊瑚礁里的花园修剪工。
梭鱼
梭鱼是珊瑚礁里最大的（在我看来，也是最可怕的）鱼类之一。它们的尾巴呈V字形，身体细长，这意味着它们还是游得最快的鱼类成员之一。

海鳝
嘿。
看这里。
洞里呢。
我可是顶级掠食动物哦，
这意味着我处在食物链的顶端。
我就是你们说的伏击捕食者。我会一整天都
藏在洞里，等着毫无戒备的鱼游过……

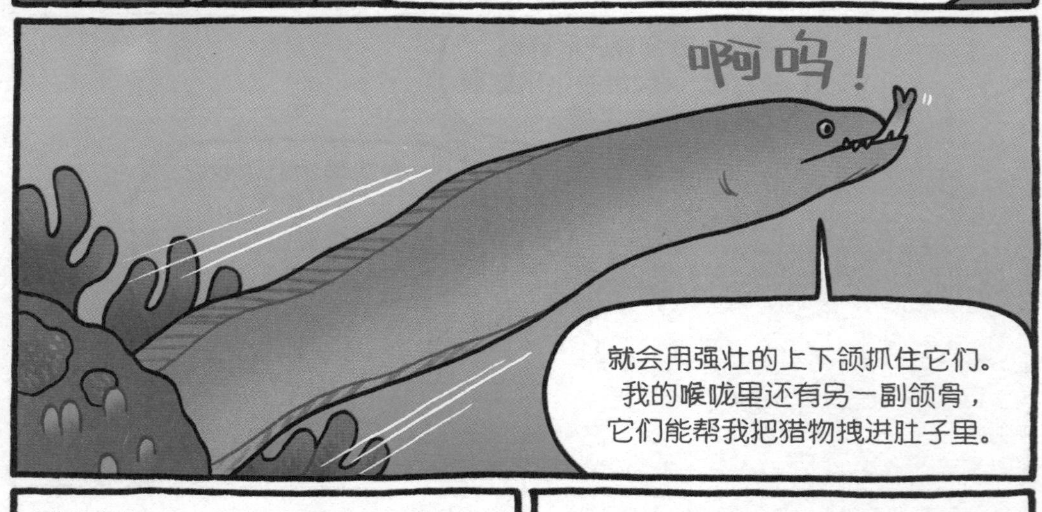

啊呜！
就会用强壮的上下颌抓住它们。
我的喉咙里还有另一副颌骨，
它们能帮我把猎物拽进肚子里。

到现在为止，我们看到的大多数动物
都是珊瑚礁里的永久定居者。

珊瑚礁是它们唯一的栖息地。

还有很多迁徙的动物每年都会
来珊瑚礁暂住一阵子，在这里找吃的，
以及（或者）把这里当作避难所。

纲：爬行纲
所有爬行纲都是变温动物①，都有鳞。
地球上共有7种海龟，大部分都生活在大西洋和印度—太平洋海域的珊瑚礁里。

海龟的一生都在（全世界的）海洋中游来游去，对于它们来说，珊瑚礁和开阔的海域一样重要。

珊瑚礁为它们提供了两种重要的资源：休息的地方……
Z
以及食物。

①只有一个例外：棱皮龟会调节体温！

纲：哺乳纲
海豚
我们是珊瑚礁附近的另一类顶级捕食者。我们吃鱿鱼、螃蟹和小鱼等。
所有栖息地都需要像我们这样的大型捕食者，这样才能保持食物网的平衡。

我们还常常在珊瑚礁周围找到另一种哺乳动物……

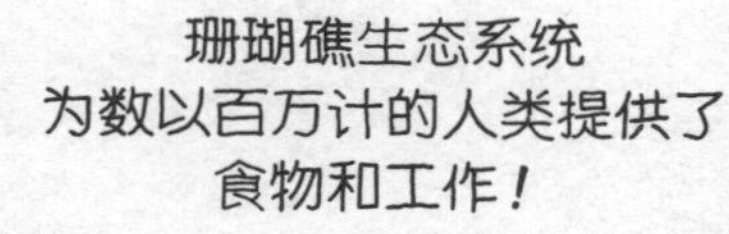
珊瑚礁生态系统
为数以百万计的人类提供了
食物和工作！

除了为人类提供食物、工作和
旅游资源之外……

珊瑚礁还是保护海岸的
天然屏障。

谢谢！
不客气！

珊瑚礁还维持着
浅海海域的平静，
为动物的繁殖提供了
安全的环境，
维持着食物网的稳定。

我们很容易就能看出，
住在珊瑚礁附近的人类
如何受珊瑚礁的影响……

但那些住在
离珊瑚礁非常遥远
的人呢？

?

我是一条鱼，生活在海洋里。
珊瑚礁是我的家，
因此很容易就能看出我
和珊瑚礁的联系。

但是那些没有珊瑚礁的地方呢？
地球上另外99.9%的地方呢？
地球示意图

第四章
珊瑚礁与地球上
其他没有珊瑚礁的地方
有什么联系？
地球示意图

要弄清楚这个问题，我们得先看看地球上的所有海洋（和陆地）。
地球海洋分布示意图

好啦，地球已经缩小了……
你可以凑近一点。
地球海洋分布示意图

我们刚刚已经看了珊瑚礁生态系统，现在让我们把视野放大一点，看看全球生态系统吧。首先来看……

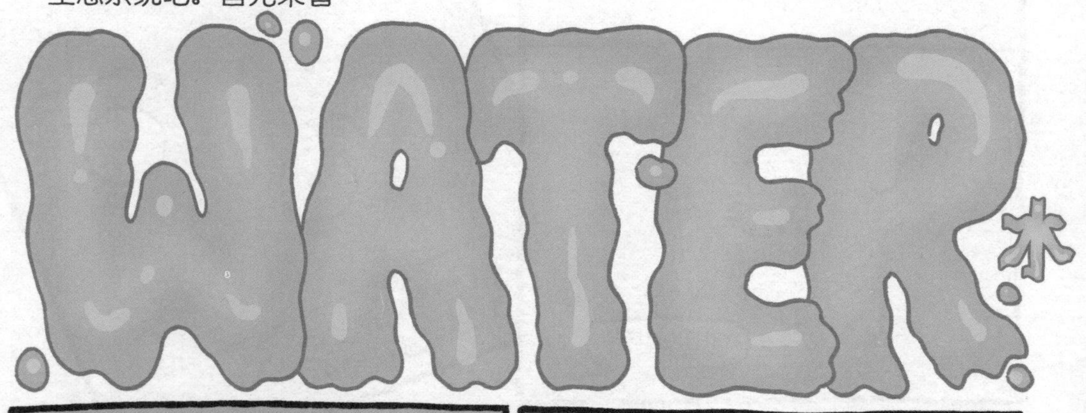
WATER
水！

嗨，又见面了！
没有水，地球上就没有生命。

毕竟，人体有60%—70%都是水呢！
水裤子！
（这张图不是水在人体中的真实分布情况哟。水分布在所有的细胞和组织里。）

大约71%的地球表面被水覆盖……
其中大多数是海水。
淡水
海水
我们都知道水很重要。
哪里哪里。
但是，仅仅只有水，
还无法延续生命。
水在地球上的移动才是关键。
这种水在全世界范围内的漫游
被称作……
水循环

唔，可不是像骑自行车
那样漫游哦。

自从有了水，
水循环就一直在进行。

蒸发
凝结
降水
地表径流
下渗

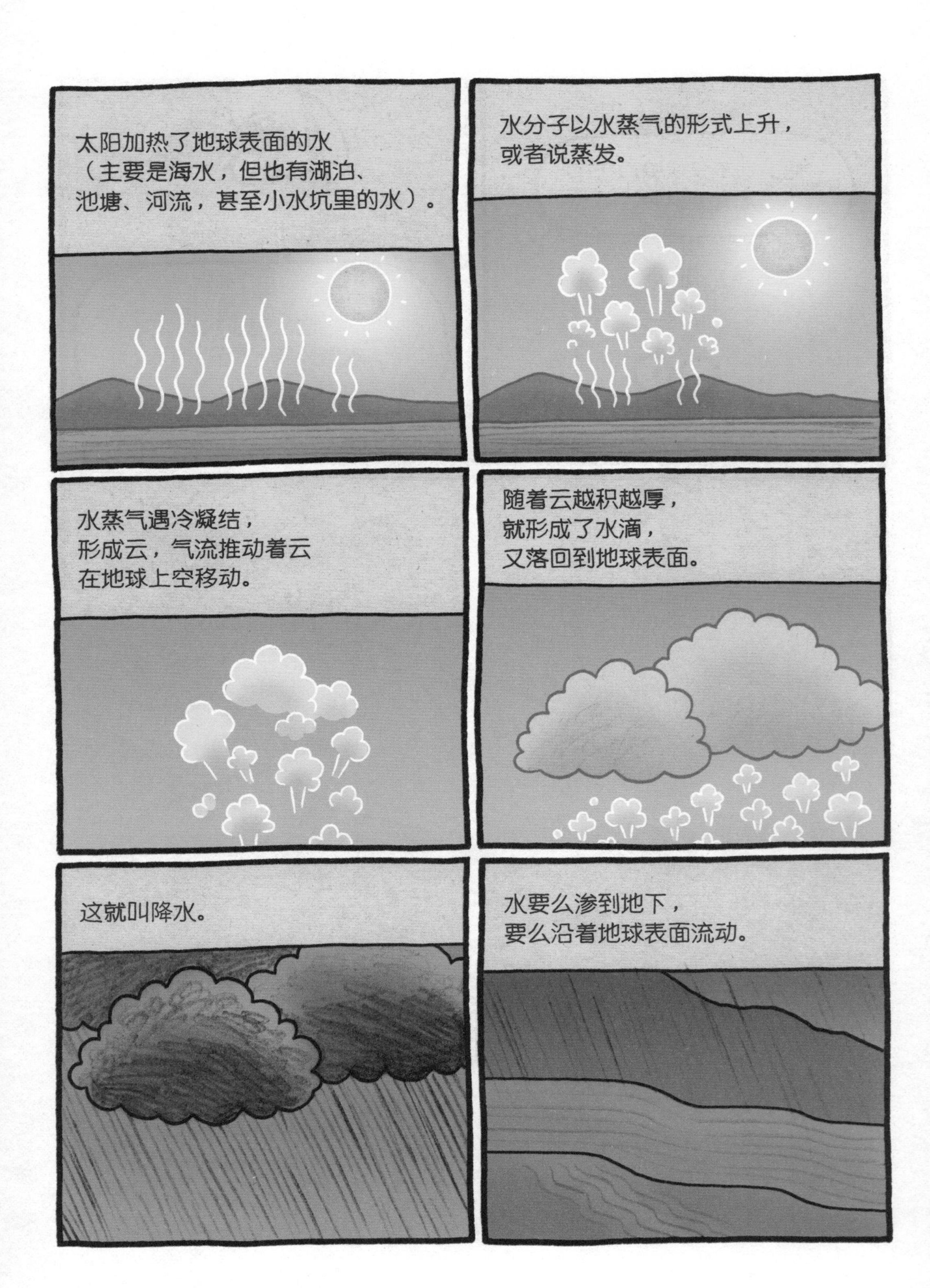
太阳加热了地球表面的水
（主要是海水，但也有湖泊、
池塘、河流，甚至小水坑里的水）。
水分子以水蒸气的形式上升，
或者说蒸发。
水蒸气遇冷凝结，
形成云，气流推动着云
在地球上空移动。
随着云越积越厚，
就形成了水滴，
又落回到地球表面。
这就叫降水。
水要么渗到地下，
要么沿着地球表面流动。

一座珊瑚礁周围的水分子可能
最终会到你的杯子里。

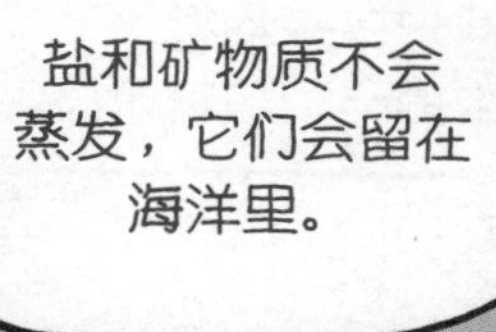
盐和矿物质不会
蒸发，它们会留在
海洋里。

不过，
我还没讲完呢！

现在地球上的水量
和地球刚形成时的水量一样多[①]，
这就是我们拥有的全部的水。

这是一个不断循环的系统。

这意味着，
你正在喝的水
和恐龙喝过的水是一样的！

咕咚
咕咚
咕咚

别担心。
我们喝的水是经过过滤的，
很卫生，可以放心饮用。

什么？！
噗

①除了以前和地球相撞的冰彗星带来了水之外。

让我们回过头来看看
水循环中的一个独特阶段。
呼

地表径流!

降水形成的地表径流
与陆地和水域
建立了直接联系。
你想出去走走吗?
好呀!

如果不加以监管,
工厂和农场里的化学物质
就会被排放到地表径流里……

然后流到更大的水域里。
我感觉不太
舒服……

比如海洋。
哎呀!!

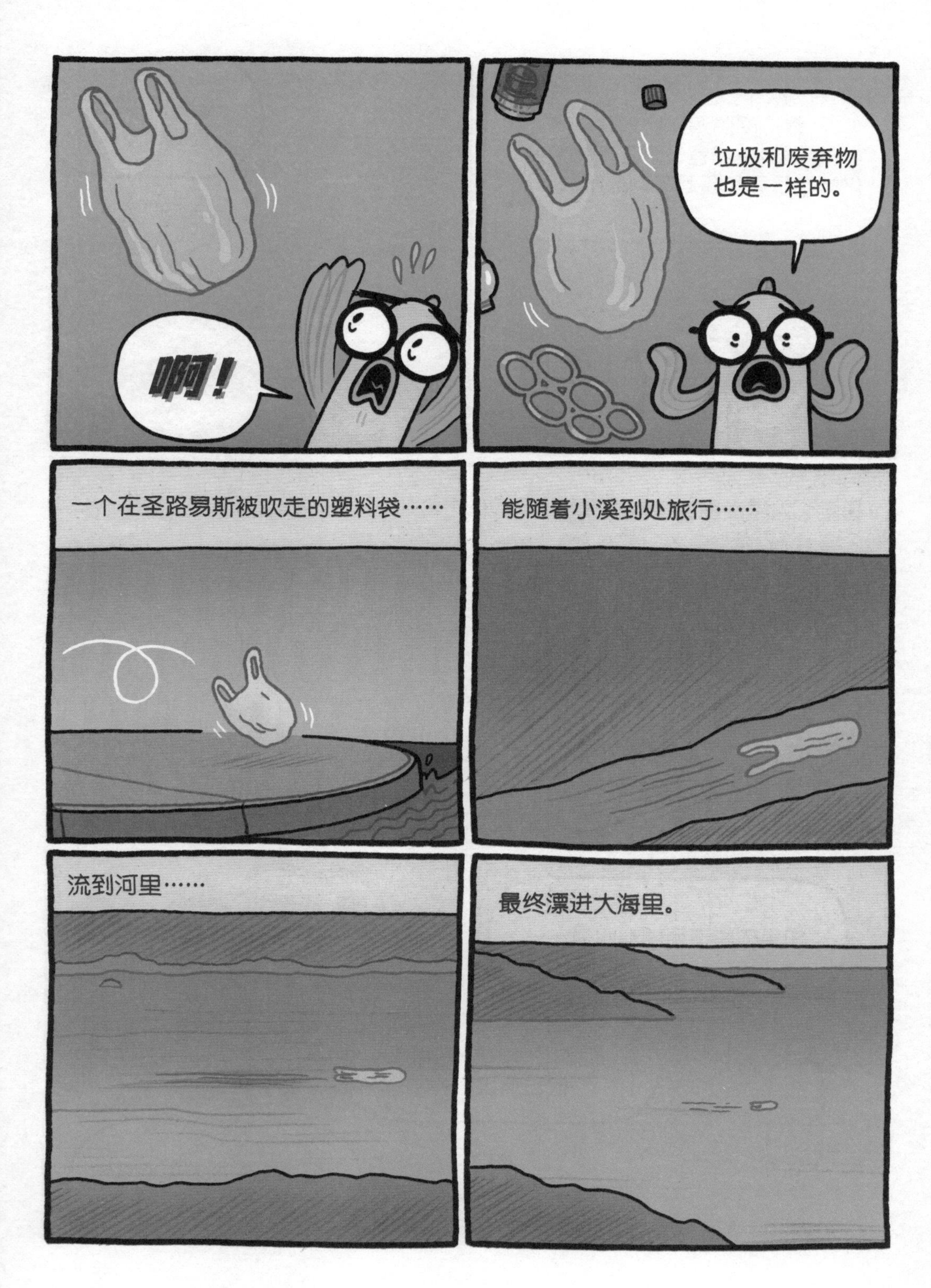

啊！
垃圾和废弃物
也是一样的。
一个在圣路易斯被吹走的塑料袋……
能随着小溪到处旅行……
流到河里……
最终漂进大海里。

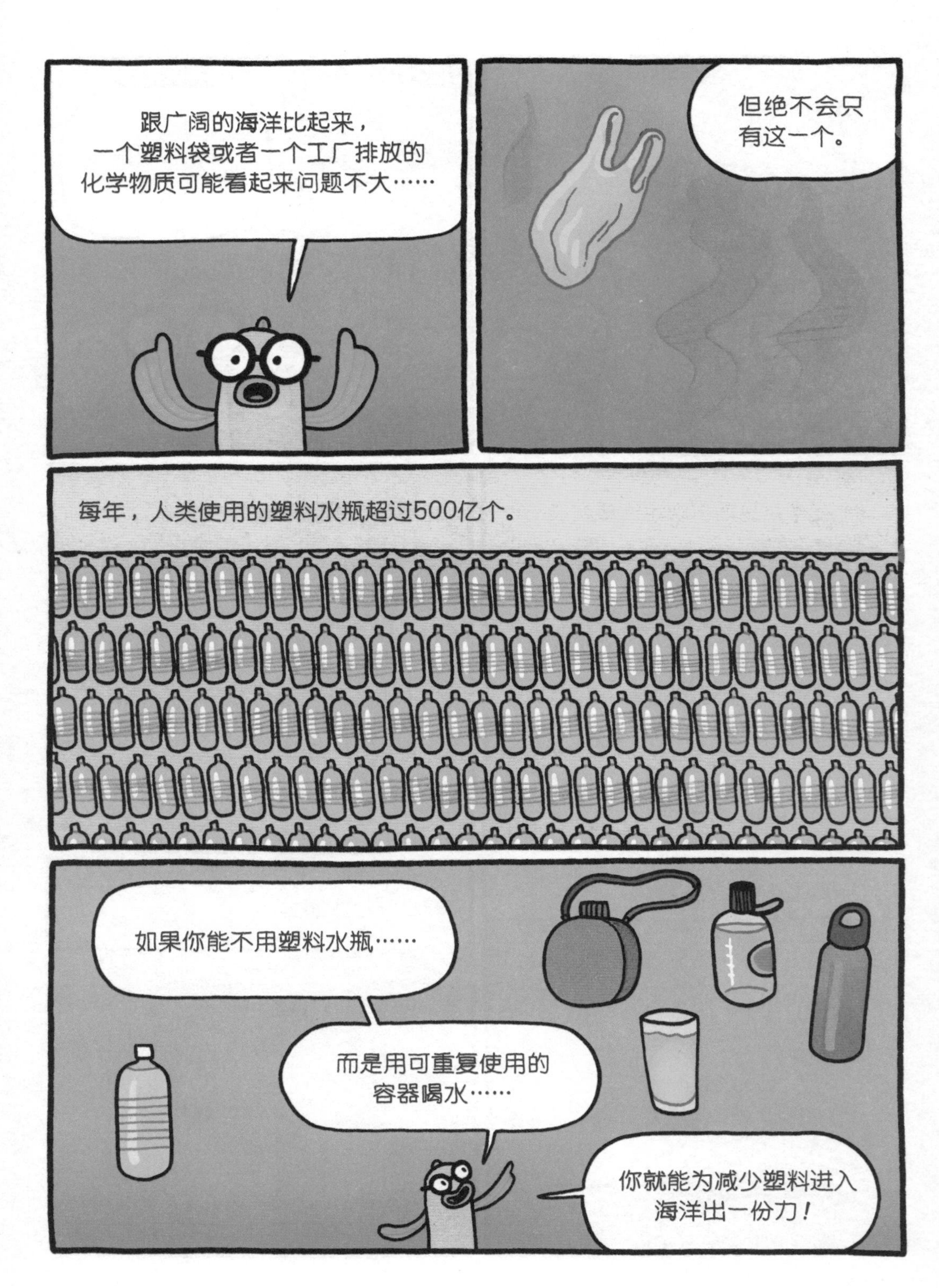
跟广阔的海洋比起来，
一个塑料袋或者一个工厂排放的
化学物质可能看起来问题不大……
但绝不会只
有这一个。
每年，人类使用的塑料水瓶超过500亿个。
如果你能不用塑料水瓶……
而是用可重复使用的
容器喝水……
你就能为减少塑料进入
海洋出一份力！

除了水，
还有另一样东西是这个星球
上几乎所有动物都需要的，
那就是——
AIR
空气
没错，我知道我用鳃
从水里获得氧气，你们人类用肺
从空气里获得氧气。
不管你从哪里获得氧气，
它都很重要！

深呼吸。现在再呼吸9次。
呼——
呼——
呼——
呼——
呼——
呼——
呼——
呼——
呼——
呼——

你刚刚呼吸的10口气里，有7口都要感谢海洋。
哇！

植物通过光合作用吸收二氧化碳，再把二氧化碳转化成氧气。
吃掉二氧化碳。
排出氧气。
二氧化碳
POOT!
氧气

在很长一段时间里，人类都以为，地球上的氧气主要是由树木和花草制造的。

树木确实制造氧气，但它们只提供了地球上30%—40%的氧气……
我不是有意冒犯你们的，大树！

没关系！
毕竟，我们只覆盖了大约8%的地球表面。

为了找到我们主要的氧气制造商，带上显微镜，和我一起去海洋看看吧。

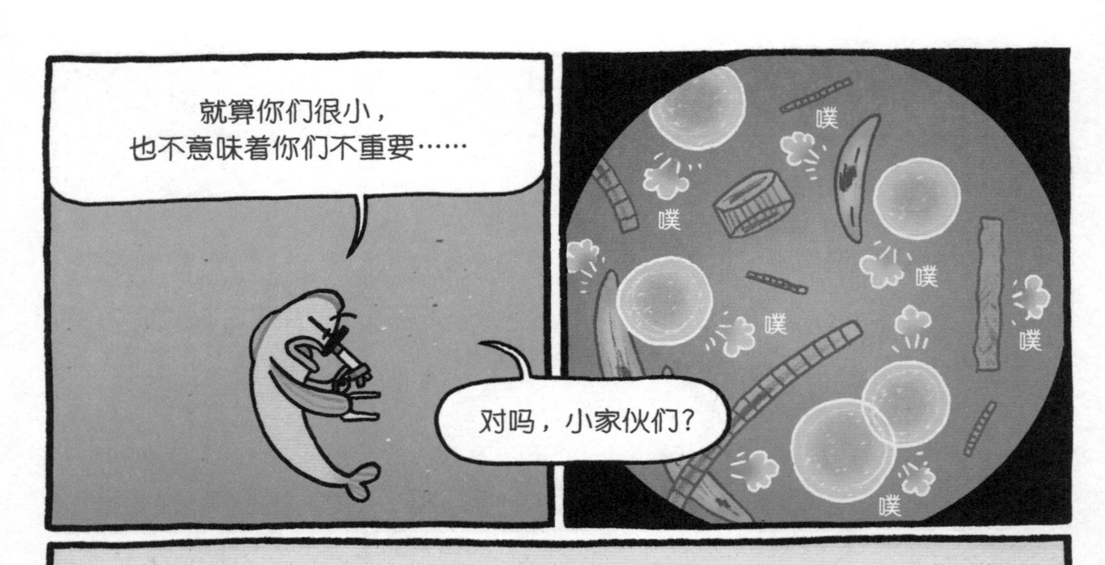
就算你们很小，
也不意味着你们不重要……
噗
噗
噗
噗
噗
噗
对吗，小家伙们？
噗

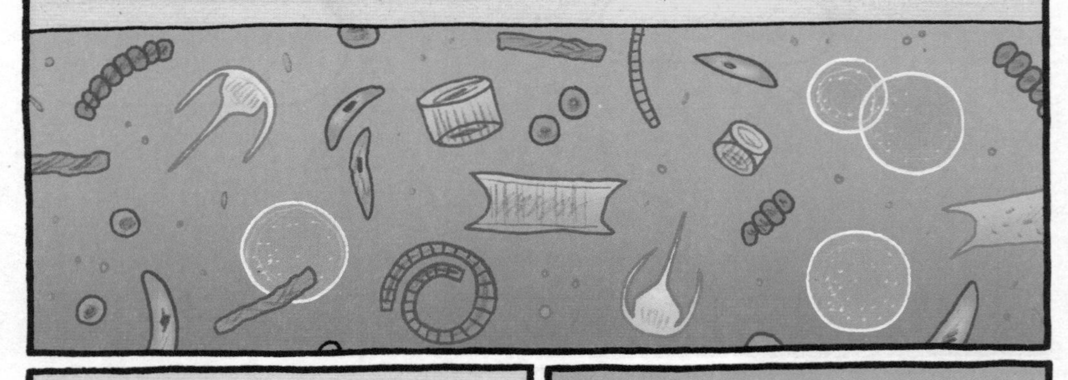
底栖藻类和浮游植物（所有植物类浮游生物的统称）
贡献了全世界氧气含量的60%—70%。

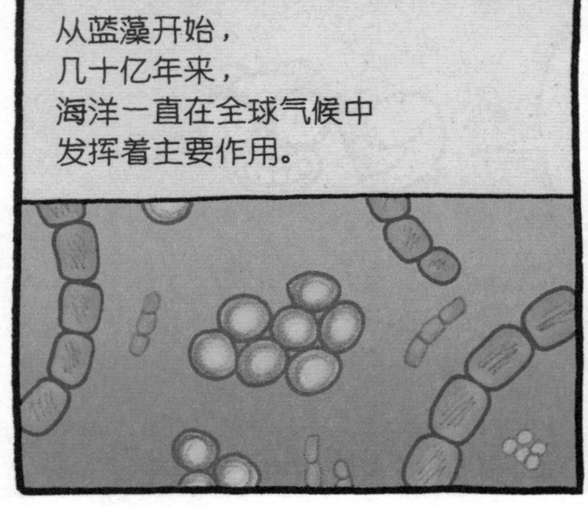
从蓝藻开始，
几十亿年来，
海洋一直在全球气候中
发挥着主要作用。

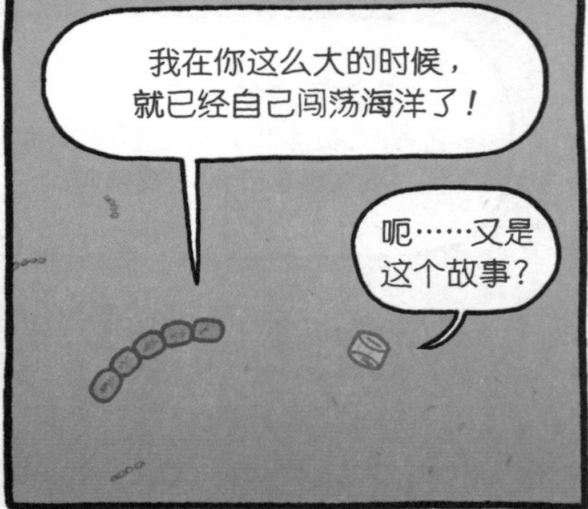
我在你这么大的时候，
就已经自己闯荡海洋了！
呃……又是
这个故事？

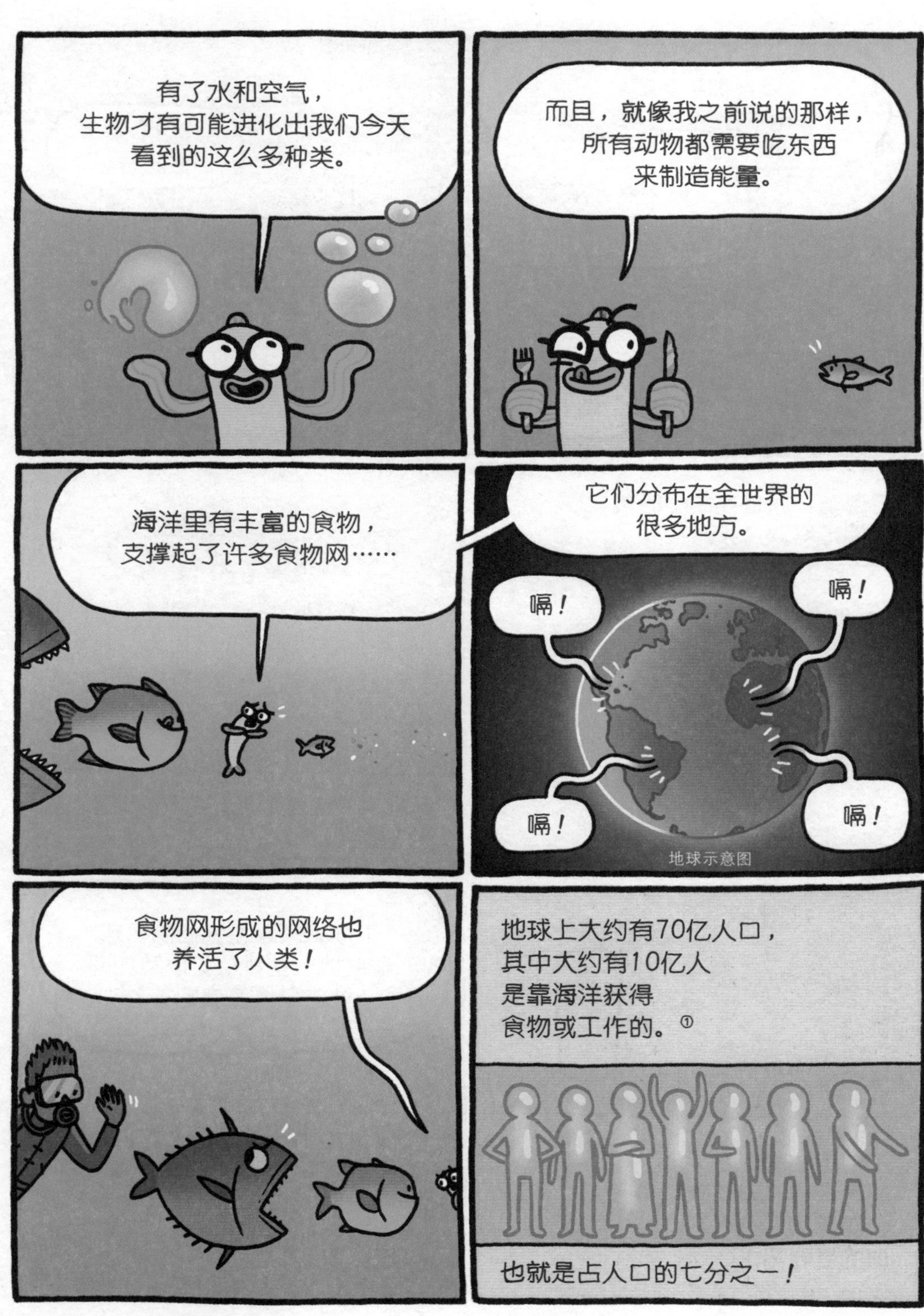

①这是直接从海洋获得食物或工作的人数。

就算你不吃海鲜，
也不在船上工作……
你还是会从海洋中
获得氧气。
我是个素食
主义者。
哟！

浮游植物和藻类制造的氧气
让地球得以持续运转。

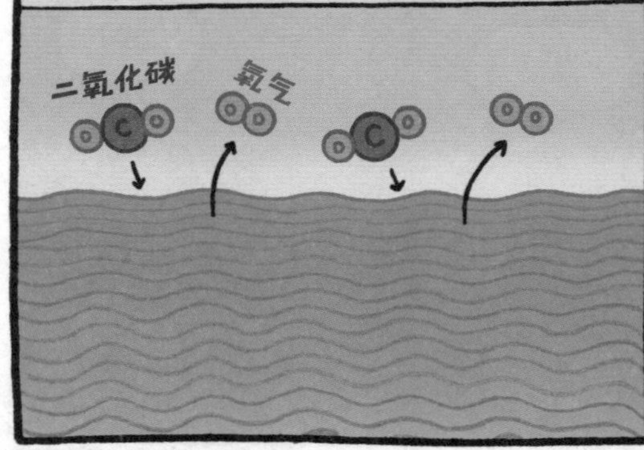
二氧化碳
氧气
C
C

这种平衡对整个地球的健康来说
至关重要。

不管你住的地方
离海洋（和珊瑚礁）多远，
大海都满足了
你的基础需求。

下面就来看看我们的星球
面临的一些挑战，以及如何
让它保持健康吧……

第五章
小小的珊瑚礁，大大的地球：
挑战、变化和负起责任！
地球示意图

我们都知道了珊瑚是
一种动物……
还学到了珊瑚礁是
如何形成的……

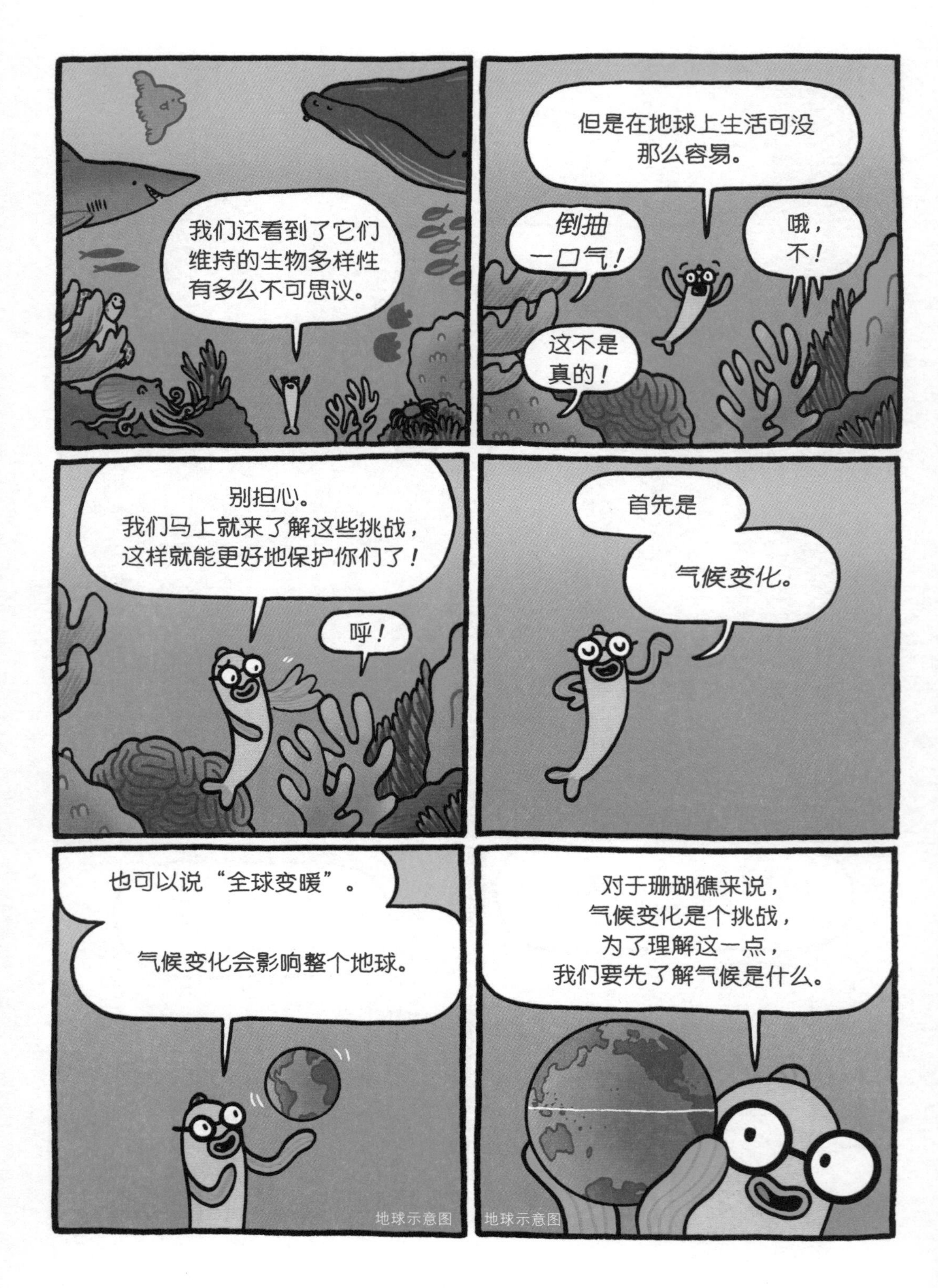
我们还看到了它们维持的生物多样性有多么不可思议。
但是在地球上生活可没那么容易。
倒抽一口气！
哦，不！
这不是真的！
别担心。我们马上就来了解这些挑战，这样就能更好地保护你们了！
呼！
首先是
气候变化。
也可以说“全球变暖”。
气候变化会影响整个地球。
地球示意图
对于珊瑚礁来说，气候变化是个挑战，为了理解这一点，我们要先了解气候是什么。
地球示意图

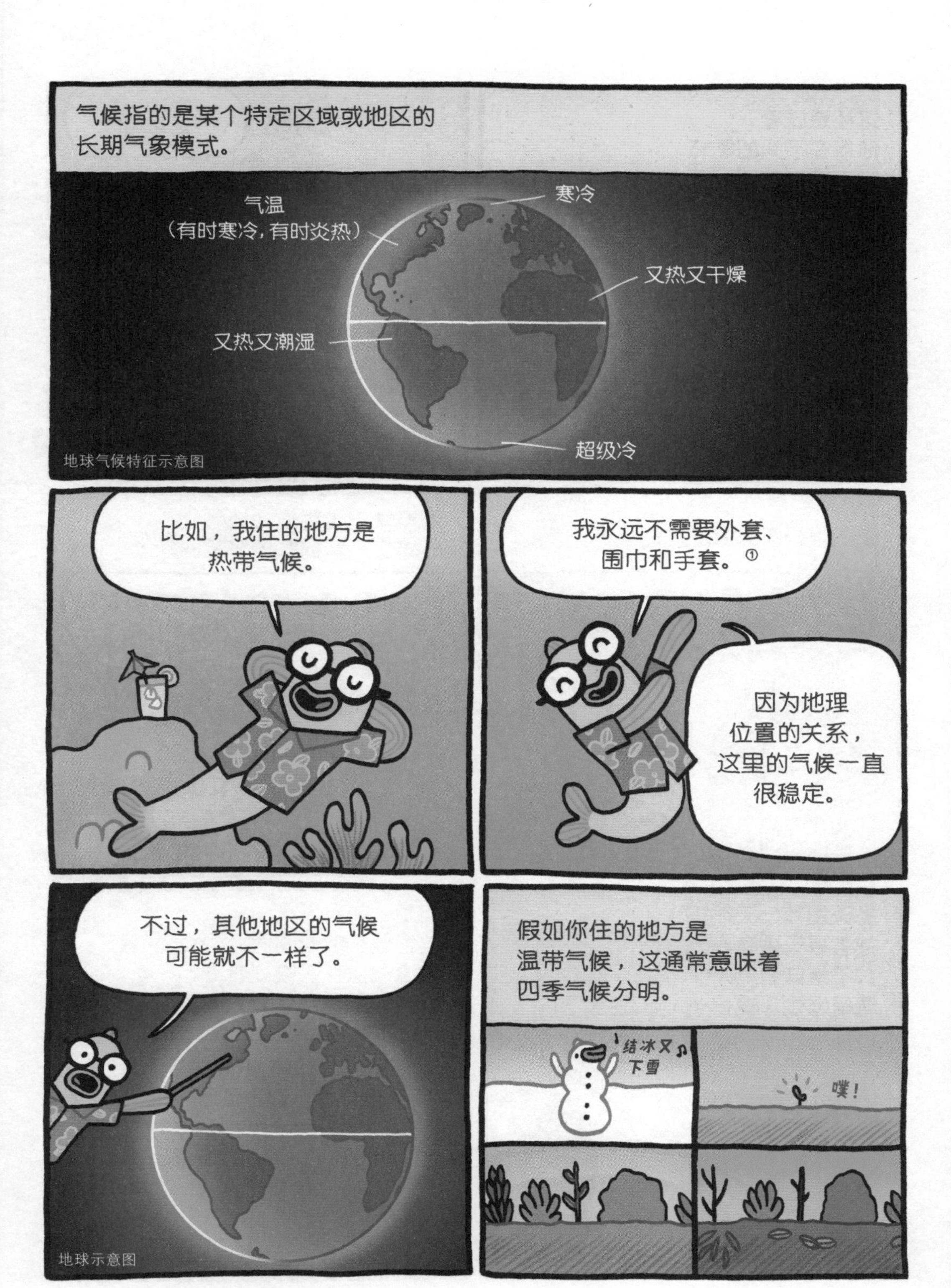

①或者说，我不需要任何衣服。因为我们鱼类不穿衣服。

这还意味着，
你得在不同的季节
穿不同的衣服。

呜呜呜

嗯……
好多了。

有时候，
人们经常把气候和天气
这两个词搞混。

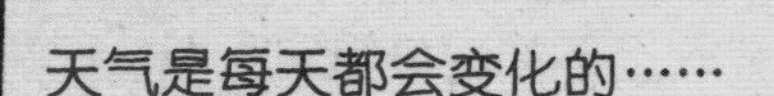

天气是每天都会变化的……

唔，穿什
么好呢？

而气候则是用来描述
一年又一年的气象情况的。

哎哟！是时候把冬天的衣服收
起来，把夏天的衣服拿出来了！
夏季衣物

冬天里有一天很热
或者夏天里有一天很冷
并不意味着
气候发生了变化……

哎哟

但是，如果30年
或者更长的时间里，
气温一直在变暖或变冷，
就说明气候发生变化了。

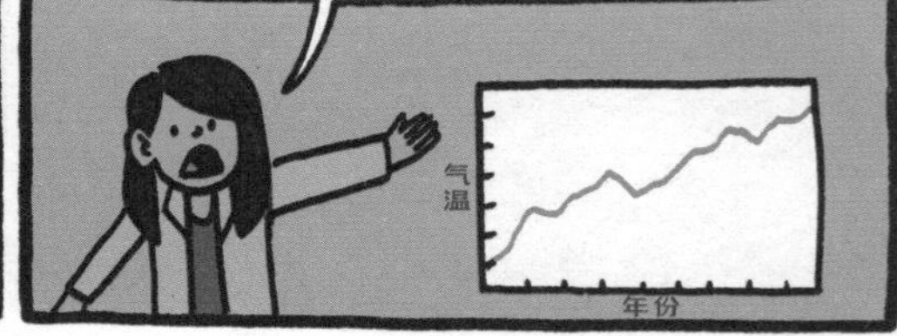
在过去的200多年里，我们
看到气温一直在稳步升高！
气温
年份

我们来看看气候变化吧。
气候调查

气候变化指的是
天气日均状态的
长期变化。
是这里的天气
很热，还是只有
我很热呢？
地球气候示意图

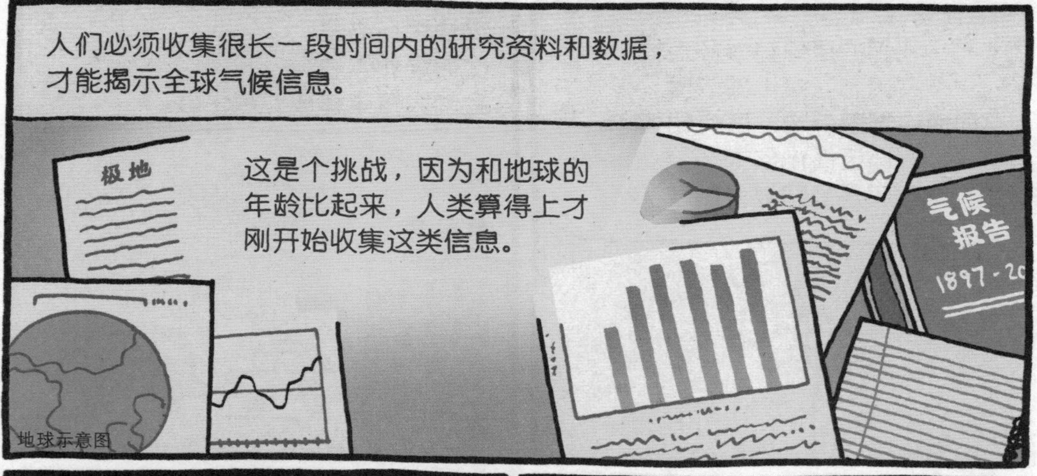
人们必须收集很长一段时间内的研究资料和数据，
才能揭示全球气候信息。
极地
这是个挑战，因为和地球的
年龄比起来，人类算得上才
刚开始收集这类信息。
气候
报告
1897-20
地球示意图

我们已经知道，人类活动向大
气层中排放的二氧化碳总量已
经创了历史纪录。
二氧化碳

虽然二氧化碳也有自然产生的，
比如陆地动物呼出的二氧化碳，
火山喷发释放出的二氧化碳。

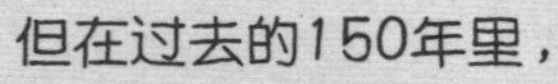

但在过去的150年里，
二氧化碳的主要来源是人类的各种发明。

我们的星球有很多方式
来调节二氧化碳浓度，
如通过浮游植物、藻类和树木。
但二氧化碳太多，
还是会打破平衡。

燃烧化石燃料，
比如煤和汽油，
会向大气中释放二氧化碳。

随着二氧化碳越来越多，
它们就会形成一层气体“毯子”，
把地球包裹起来。

地球二氧化碳增多示意图

这条裹着地球的厚毯子
也困住了地球上的热量。

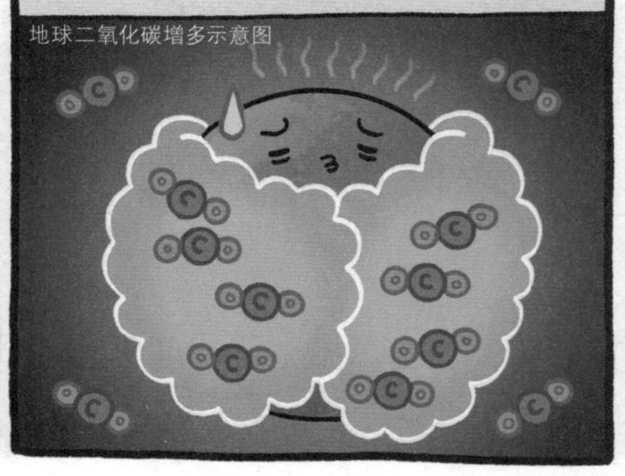
地球二氧化碳增多示意图

被困住的热量使海洋变暖。
地球二氧化碳增多示意图

全球气温也因此上升，
这给生态系统
造成了不好的影响，
因为我们的生态系统
早就适应了环境的缓慢变化。

地球二氧化碳增多示意图

极地冰雪融化、干旱和海平面上升只是气候变化带来的危机中的一小部分。

啊，
真糟糕。
是啊，
确实糟糕。

我们刚刚了解了气候变化是如何
影响整个地球的……
地球示意图

下面就转换一下视角，
来看看它又是如何影响
珊瑚礁的吧。

还记得珊瑚和虫黄藻的
共生关系吗？

以及一些珊瑚礁
要花3000多万年才能形成？

正是因为有这些先存条件，即使气温仅仅改变1℃，
也可能会扰乱珊瑚礁花费很长时间建立起来的生态平衡。

虫黄藻只能在一个特定的气温范围内生存。
如果环境变得太热，变化太快，它们就会感到压力，然后离开。

这个现象叫“珊瑚白化”。
因为虫黄藻离开后，
珊瑚就失去了颜色。
如果气温在很短的时间内
恢复到原先的水平，
虫黄藻可能还会回来。

如果气温不能恢复，
那么珊瑚虽然暂时还能存活，
但会变得不健康，
最终可能会死亡。

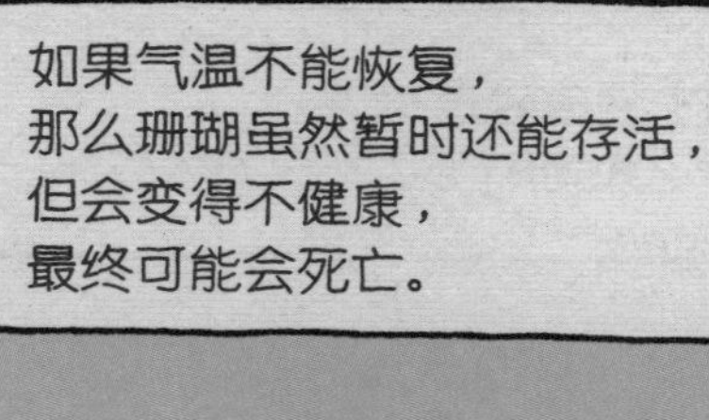

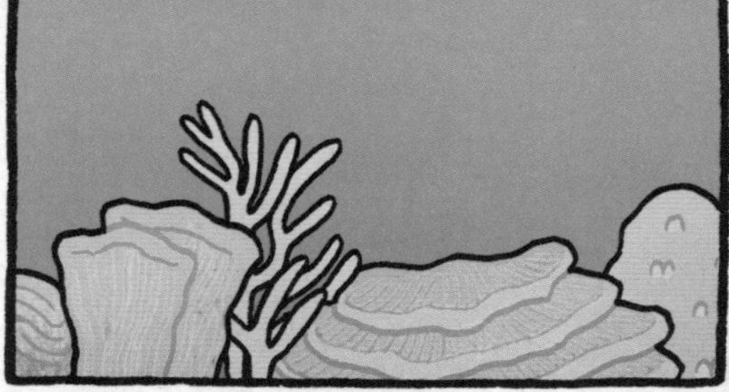

光线和营养
获取方式的变化
也可能会引起珊瑚白化，
但气温变化是最主要的因素。

海洋酸化
不仅是珊瑚，
这种变化对海洋中所有有壳的
动物来说也很危险。

地球上二氧化碳浓度增加，
海洋就会吸收更多二氧化碳
来维持平衡。

海水中的二氧化碳含量太多，就会改变海洋里的化学成分。

二氧化碳

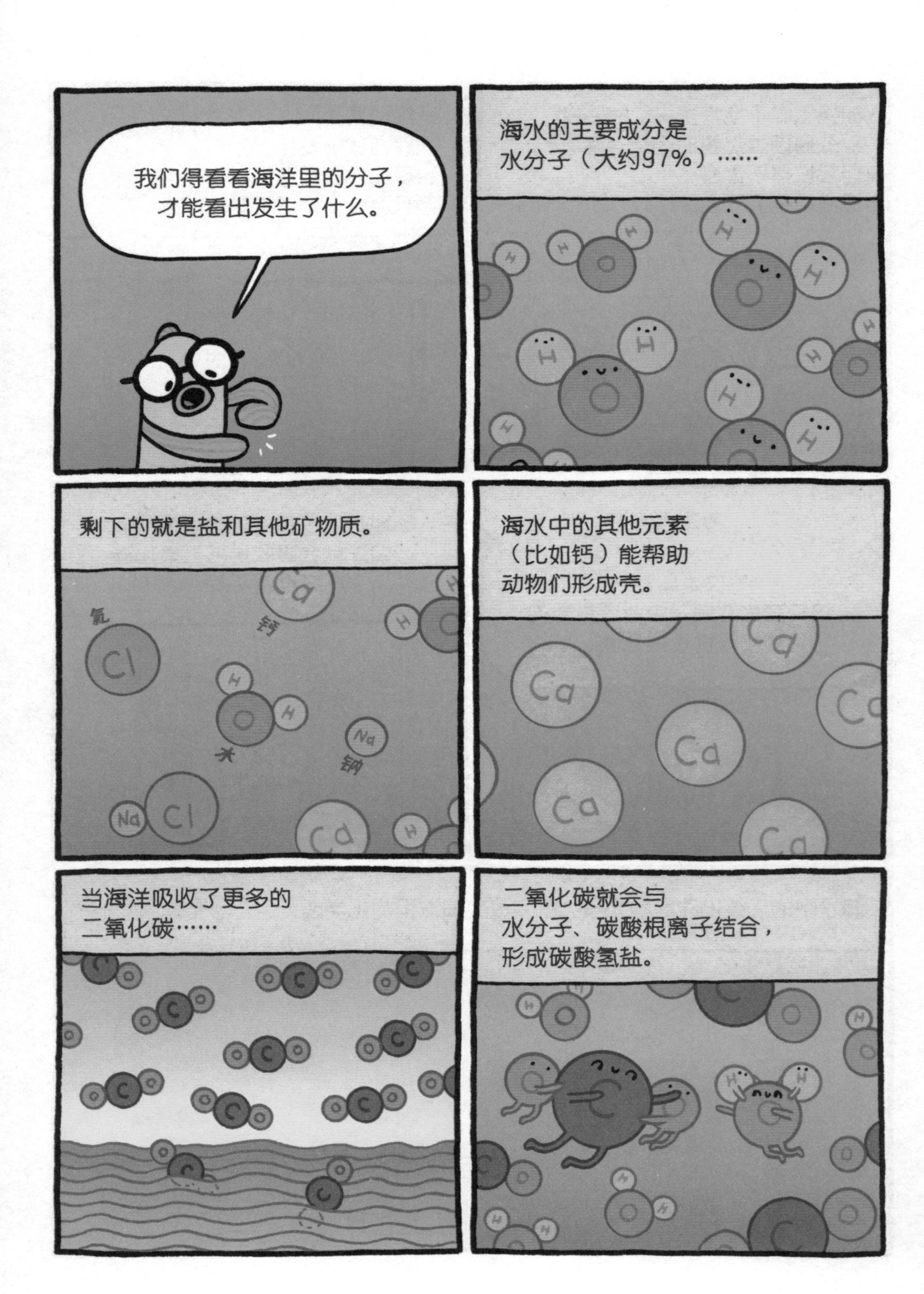
我们得看看海洋里的分子，
才能看出发生了什么。
海水的主要成分是
水分子（大约97%）……
剩下的就是盐和其他矿物质。
氯
Cl
钙
Ca
水
钠
Na
海水中的其他元素
（比如钙）能帮助
动物们形成壳。
当海洋吸收了更多的
二氧化碳……
二氧化碳就会与
水分子、碳酸根离子结合，
形成碳酸氢盐。

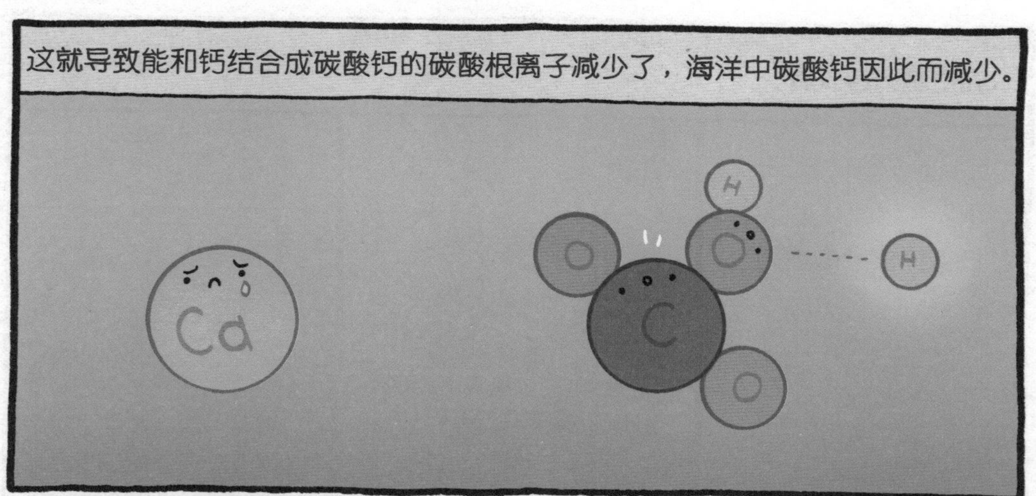
这就导致能和钙结合成碳酸钙的碳酸根离子减少了，海洋中碳酸钙因此而减少。
Ca
C
O
H

对于需要用碳酸钙来生成壳的动物来说，
海洋里的碳酸钙变少可是个坏消息。

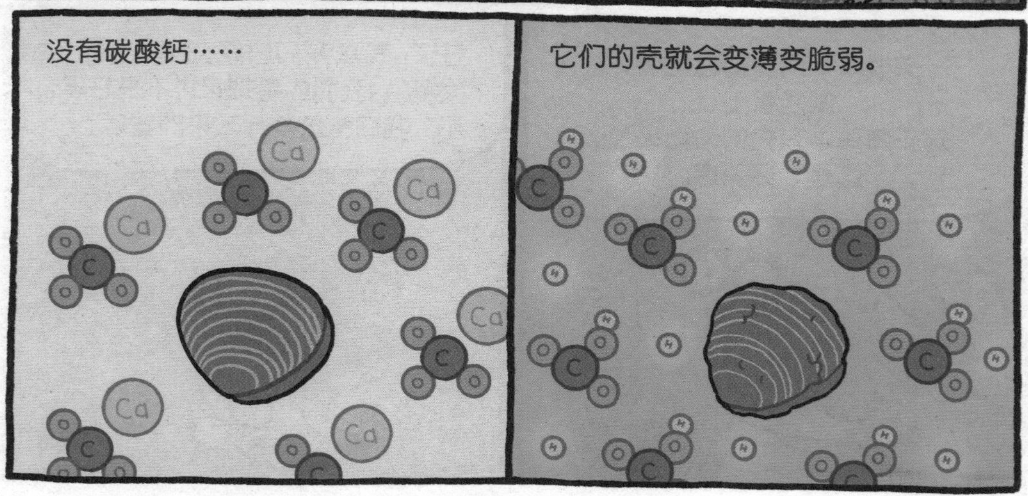
没有碳酸钙……
它们的壳就会变薄变脆弱。

壳变脆弱意味着：

抵御捕食者的能力变弱。

吧唧！

如果壳是更大构造的一部分的话，这就意味着整体支撑力变弱了。

更容易受伤。

你根本不需要精通化学，就能看出，对于海洋中有壳的动物来说，这是个坏消息。
好了，既然我们已经知道二氧化碳太多，对我们的星球来说不是好事，那么我们能做些什么来改变呢？
地球示意图

像任何其他问题一样，
我们能找到解决的办法。

解决办法的一个
重要部分是，减少我们往大气中
排放二氧化碳的量。

燃烧汽油的交通工具会向大气中排放二氧化碳。

我们可以选择走路、骑自行车或者拼车，这样就能减少二氧化碳的排放量。

还有更好的办法——我们可以组成一个拼车小组，几个人搭乘一辆车去上学或者去运动！

塑料是用石油制造出来的。使用石油越多，意味着向大气中排放的二氧化碳越多。

我们可以用可重复使用的水瓶、午餐盒和食品袋，这样就可以减少塑料的使用量。

更好的办法是——开始实行可回收计划和堆肥计划，在学校和家里实现“零浪费”。

到户外去！
参加一次有趣的户外活动，能让我们更好地欣赏美丽的地球！

去种一棵树，参加道路清洁或沙滩清洁活动……

或者把朋友和家人组织起来，自己举办一次活动！

为了帮助我们的栖息地，
你可以做很多事，
以上只是其中几件。
接下来让我们来聊聊珊瑚礁
面临的其他挑战吧。
啊！
污染物！
一个栖息地中
非自然存在的任何东西都可以
叫作污染物……

石油、化学物质、垃圾、
瓶子、罐子……
你能想到的都是！

它们不仅不属于栖息地，
可能还会对我们的健康造成
严重的威胁！

动物如果在受污染的栖息地进食或呼吸，可能会生病，甚至死掉。
垃圾不是它们栖息地中天然存在的，因此它们并不总是知道什么是安全的食物。
呃……
那个水母看起来
真奇怪……

还记得水循环吗？
水循环能把很远很远的垃圾带到
海洋里……

呜嗯！！

谢谢！
差点喘不上气！
想要帮忙解决污染问题，你可以做下面这些事情：
减少垃圾的产生。
废弃的水瓶
可重复使用的袋子
尽可能重复利用物品。
剩饭剩菜！
香
回收一切可回收的东西！
玻璃
塑料
纸张
除此之外，你还可以鼓励其他人也这么做！另外，看见垃圾时，把它们捡起来！

鱼需要水瓶，这太可笑啦。

啊……再次感谢！
珊瑚礁
（和全球的海岸带生态系统）
面临的最后一个威胁是
栖息地减少。
等等，那是
什么声音？
啊啊啊啊啊啊！
那艘船开得好近。
珊瑚礁还遭受来自
轮船、建筑物、非法采集
和过度捕捞的伤害。

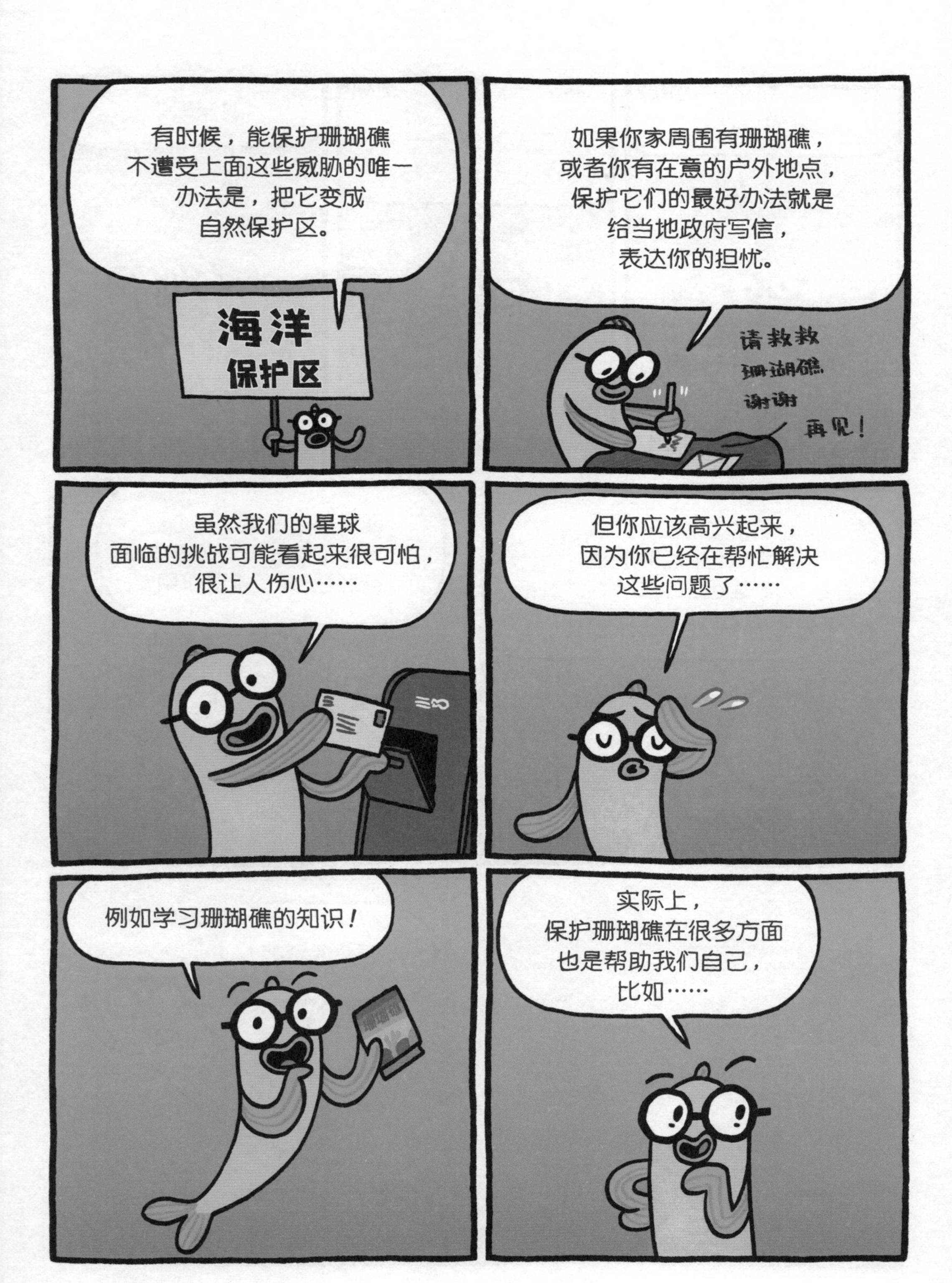

对于一条鱼来说，写得很好。

健康……

工业和创新……

甚至娱乐！

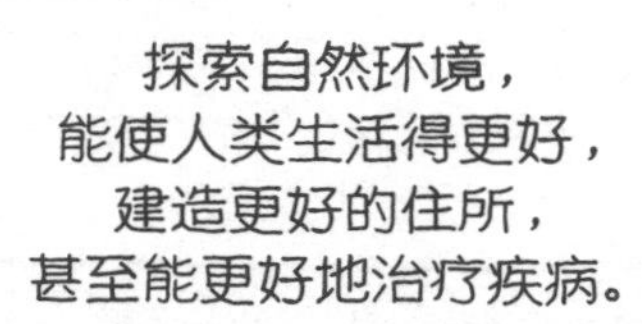

探索自然环境，
能使人类生活得更好，
建造更好的住所，
甚至能更好地治疗疾病。

而我们之所以能在这些
领域中取得成就，都是由于
珊瑚礁发挥了重要作用！

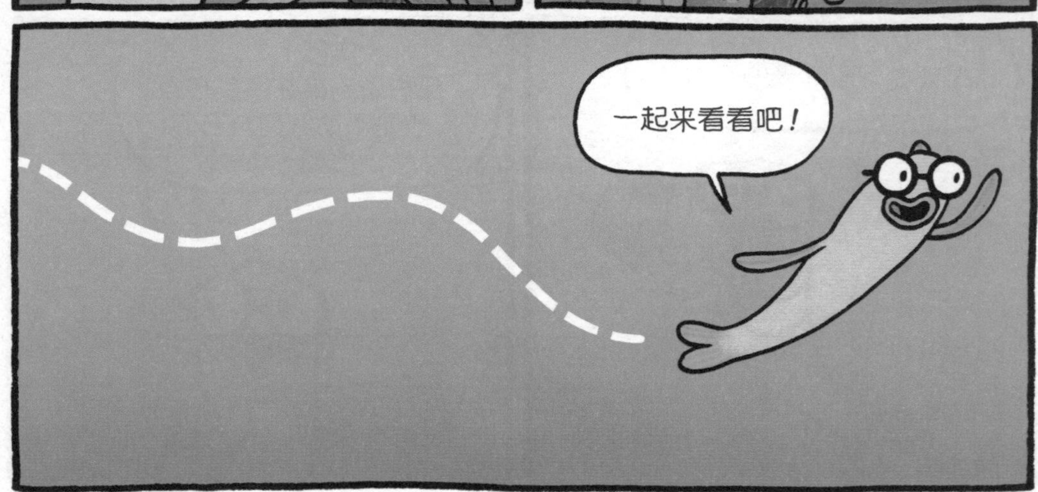

一起来看看吧！

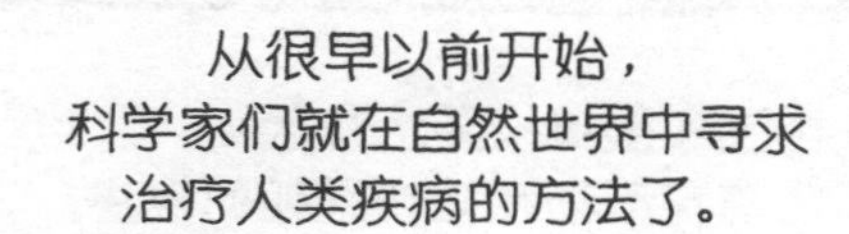

从很早以前开始，
科学家们就在自然世界中寻求
治疗人类疾病的方法了。

在很长一段时间里，
珊瑚礁一直提供着帮助！

这个星球上的所有生物
都有相似的生存方式，
通过研究其他动物的免疫系统，
人类就能更好地了解和加强
自身免疫系统。

珊瑚礁会分泌一种叫作
甾醇的化学物质来抵御疾病。

很高兴能为
您效劳！

科学家们研究了甾醇，
发现它能治疗哮喘和关节炎。

我们发现微小的苔藓虫体内有一种
可以抗癌的物质！

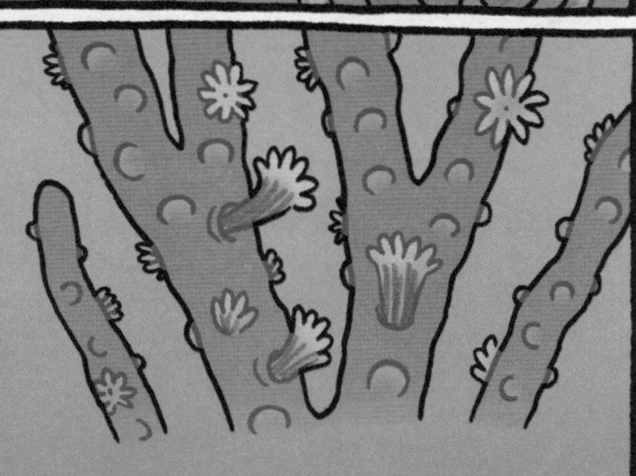

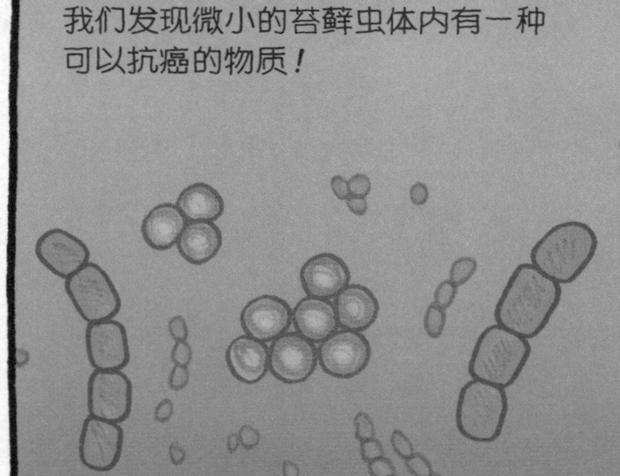

蓝藻也被用在了
癌症治疗当中。

人类确实很擅长建造东西，
但也不妨看看动物和植物是如何搭建
结构和支撑物的。

人类受到大自然的启发而进行设计和建造，
与之相关的学科叫作仿生学。
从很早以前开始，
人类就一直从周围世界中获得点子。

珊瑚的碳酸钙骨骼只有区区几种成分（H_2O、Ca、CO_2），却超级坚固。

工程师受到启发后有了个主意：我们能用同样的成分，造出一种超级坚固的水泥吗？

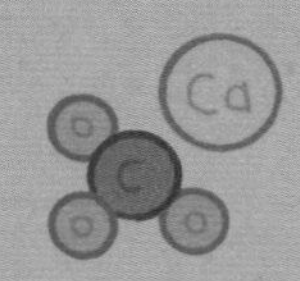

把海水和工厂里过多的CO_2混合起来，就形成了碳酸钙，加工之后就做出了水泥。

回收工厂的废弃物（CO_2）还有奖励……是个好办法！

创新是人类了不起的特质。寻找新的、更有效的方式来生产、建造和制造，意味着能为人类和其他所有的地球生物创造一个更好的家园。

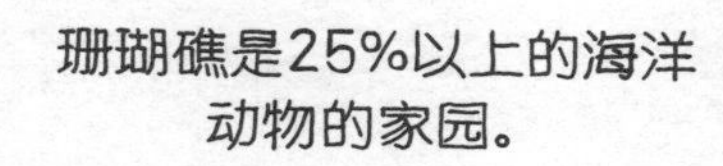

珊瑚礁是25%以上的海洋
动物的家园。

这些珊瑚礁居民中
有很多都为人类提供过
发明的灵感。

箱鲀的身体形状启发人类设计出了一种更符合空气动力学，也更省油的汽车。

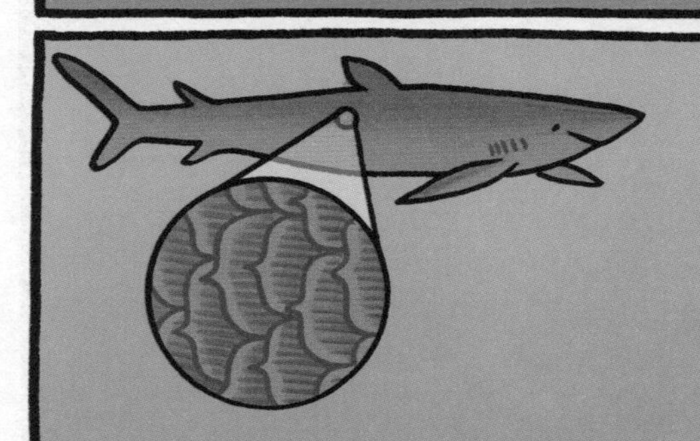

鲨鱼的皮肤上覆盖着微小的、像普通鳞片一样的盾鳞，它不仅能保护鲨鱼，还能让鲨鱼在水中游动时更符合流体动力学原理，减少阻力。

奥林匹克运动会的游泳健将们穿的泳衣就运用了类似的设计。也许有一天，我们会在轮船底部运用到同样的技术，这样轮船就能开得更快，也更高效了。

水下机器人是受到乌贼的外形和运动方式的启发发明出来的，它能帮助人类探索海洋中那些难以抵达的地方。

这些都是仿生学的例子！

另外，机器人也太酷了。

珊瑚礁和海滩附近海域都是非常
受欢迎的度假地点！
游泳、浮潜和水肺潜水都可以
让我们近距离接触珊瑚礁。
如果你不敢去海底看珊瑚礁，
可以去水族馆看。
很多水族馆都会展示珊瑚礁令人赞叹的
生物多样性！

作者在写本书之前，还没见过珊瑚礁呢！

想要关心世界的其他地方，第一步是先关心我们自身和我们的环境。

太感谢了。

好了……
就说到这里吧！
好吧，虽然不够完整，
但我已经把这本书能装下的
内容都放进来了。
我希望你能通过这108页的
内容喜欢上我的家……
也希望你学到了
一些新东西！
拜拜！

嘿！

呃，作者还想告诉你，后面还有更多内容哦。

词汇表……

附加知识……

以及一些参考图书！

祝你看得
愉快！

—词 汇 表—

刺丝囊
水母、海葵和珊瑚的触手上的刺细胞里的一种囊。

二氧化碳
一种气体，浓度处于自然水平时对植物很重要。它也是工厂、汽车、公共汽车、卡车、飞机等的副产物。

分子
一组结合在一起的原子。

浮游植物
植物类浮游生物。

浮游生物
漂流或漂浮在开放水域的生物体（通常很小或用显微镜才能看到）。

繁殖
生物体产生后代的过程。

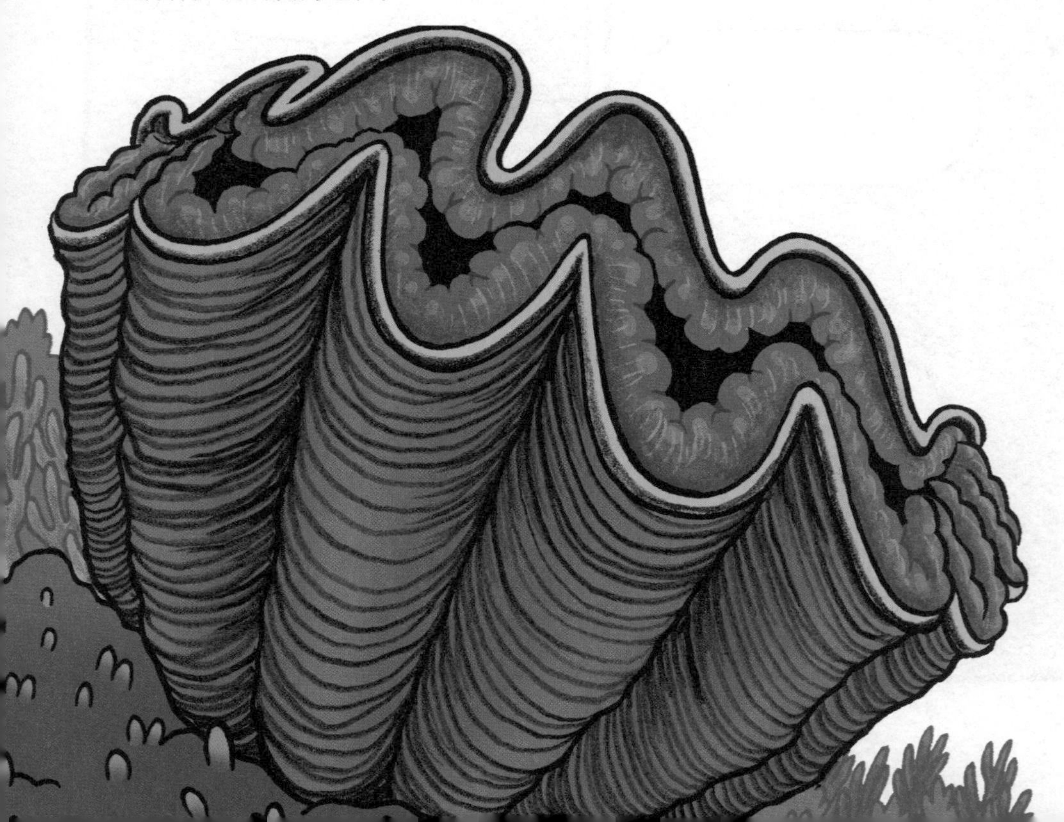

浮游动物
动物类浮游生物。

骨骼
由骨头、软骨或其他坚硬物组成的内部或外部框架，支撑或包裹着植物或动物的身体。

环境
人、植物或动物生活的周围区域。

进化
生物随时间发展和变化的过程。

脊椎动物
有脊柱的动物。

气候
一个地区在很长一段时间内的天气情况。

栖息地
生物生活的地方。

适应
为了在栖息地更好地生存下去，生物自身发生的变化（或变化过程）。

生物多样性
一个栖息地或生态系统中发现的各种生物体以及它们之间的关系等方面的丰富程度。

生物学
研究生物的学科。

生态学
一门研究生物体与环境在一定空间和时间内的相互作用的学科。

生态系统
一个特定环境内，相互作用的所有生物群落和该环境的统称。

生命周期
生物体生命中的一系列变化（出生、生长、繁殖、死亡）。

生物体
有生命的东西（植物、动物、真菌、细菌等）。

水循环
水在地球的海洋、大气和陆地上移动的过程。

碳酸钙
能帮助软体动物形成外壳，以及生成硬珊瑚的一种分子。

外骨骼
一些无脊椎动物身体外部坚硬的覆盖物（比如龙虾的壳）。

无脊椎动物
没有脊柱的动物。

原子
物质的最小构成单位。

氧气
一种存在于空气中，地球上大多数生物不可或缺的气体。

盐度
水里的含盐量。

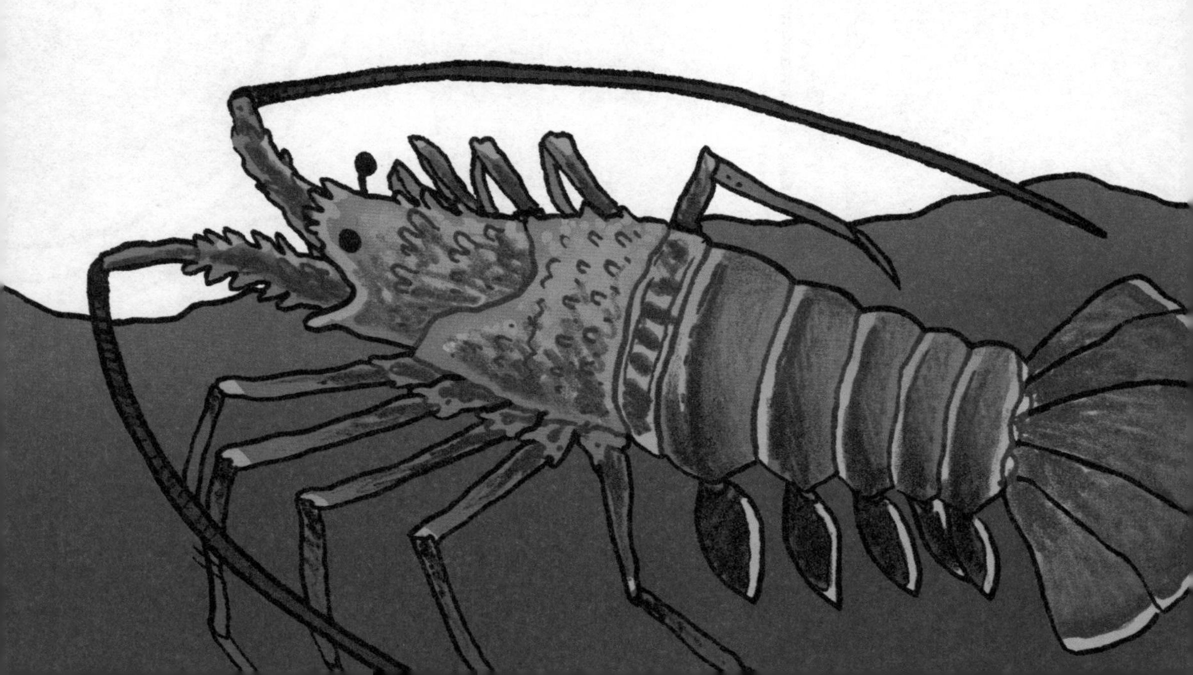

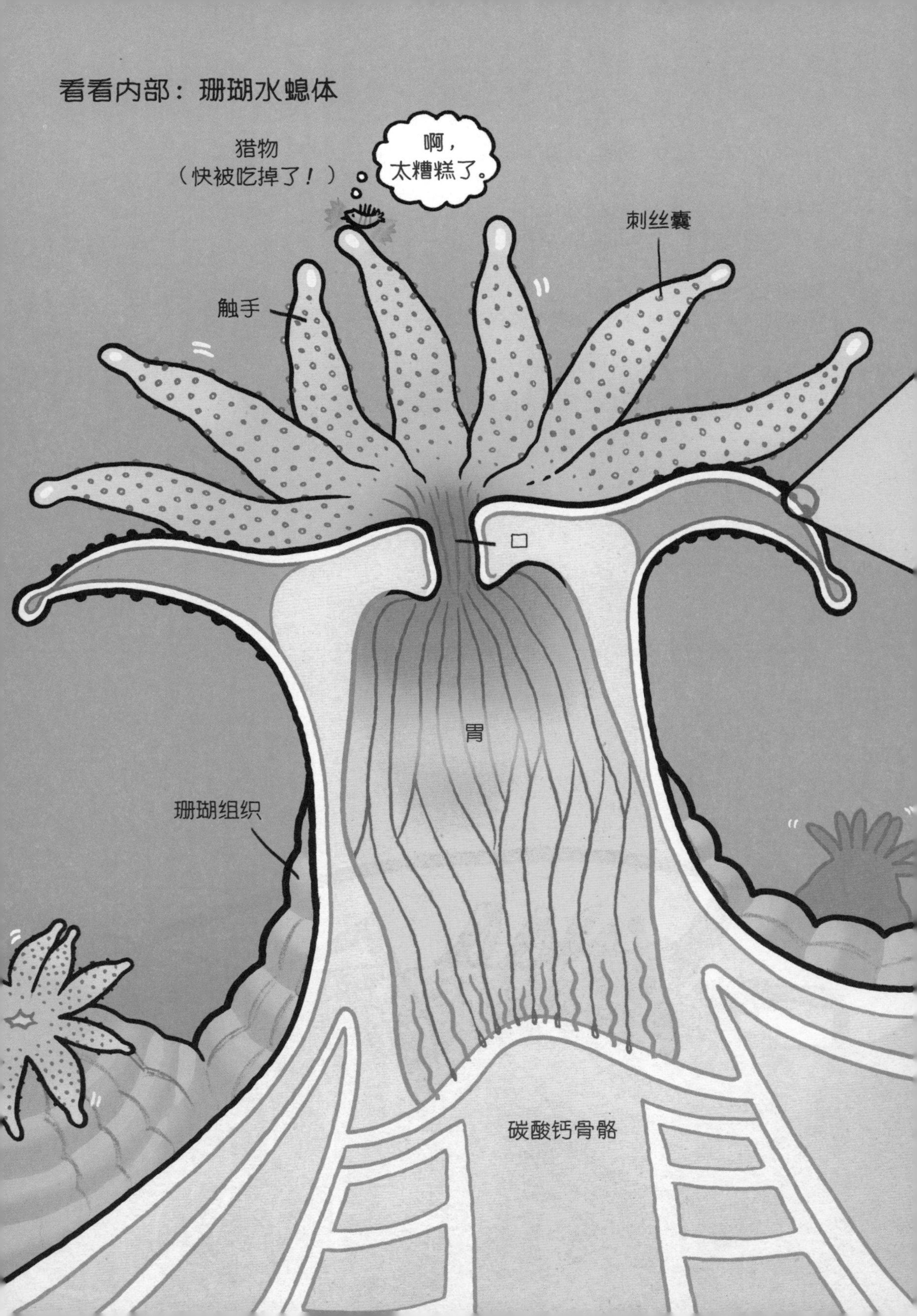
看看内部：珊瑚水螅体
猎物
（快被吃掉了！）
啊，
太糟糕了。
刺丝囊
触手
口
胃
珊瑚组织
碳酸钙骨骼

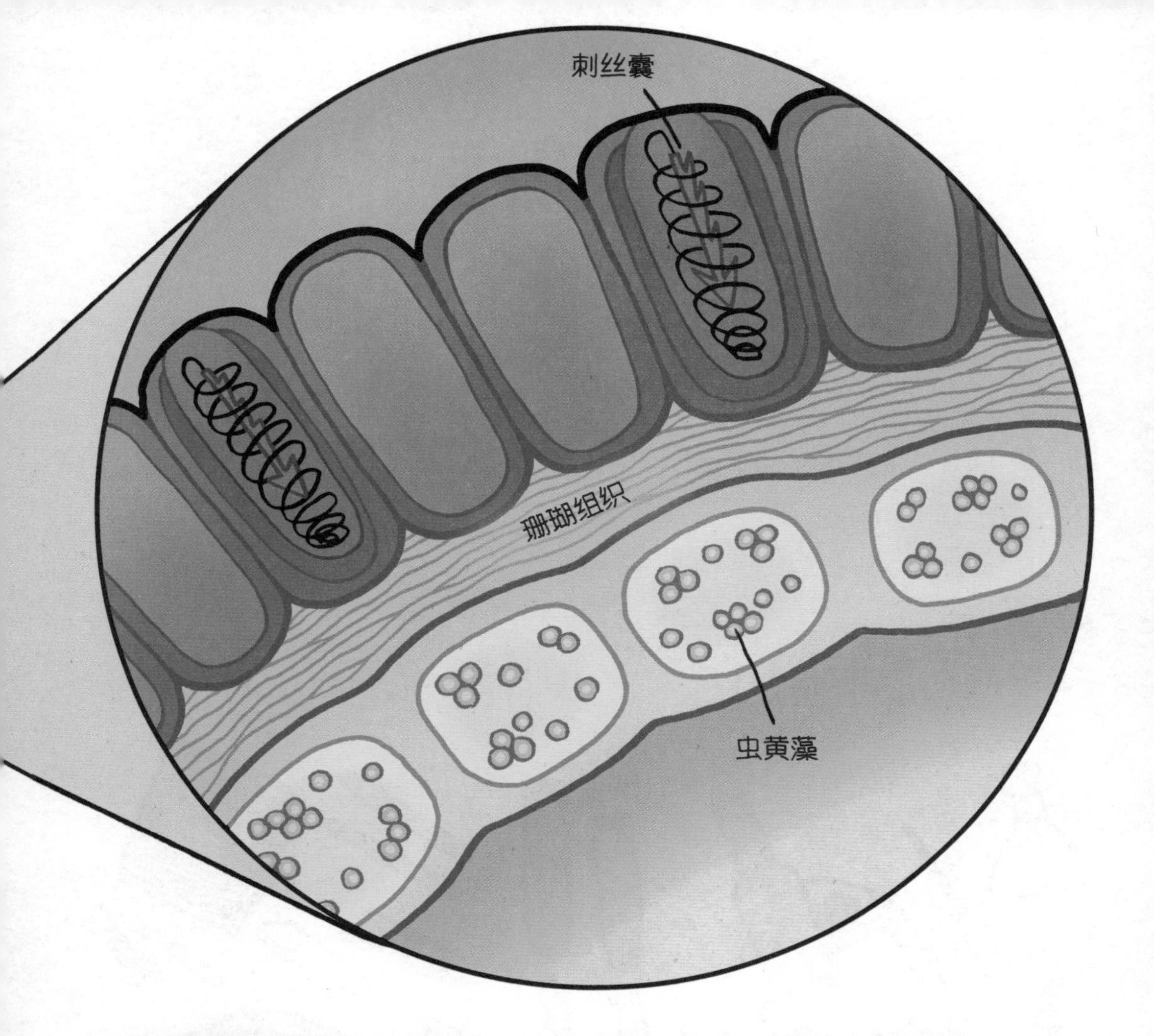
刺丝囊
珊瑚组织
虫黄藻

触手一旦抓住猎物，就会弯曲，把食物送进嘴巴里。
抓到了！

真香！

—参考图书—

Coral Reef: 24 Hours. Dorling Kindersley Children. 2005.
Cole, Brandon. *Reef Life: A Guide to Tropical Marine Life*. Firefly Books, 2013.
Knowlton, Nancy. *Citizens of the Sea: Wondrous Creatures From the Census of Marine Life*. National Geographic, 2010

非常感谢凯西、卡莉斯塔、丹妮尔和“第一秒钟”大家庭的其他成员。
没有他们，这本书不可能出版。

还要感谢新英格兰水族馆和我所有优秀的同事
以及波士顿水肺公司的朋友们，
没有他们，我也不可能写出这本书。

还要感谢罗斯玛丽、西尔维娅和（特别是）凯西·Z，
他们的反馈帮助我搭建了这本书的“骨骼”。

我希望这本书能激励你走出去，在大自然中获得乐趣，
无论你正好住在海滩旁，还是离海滩3000千米。